如何做一个情绪稳定的成年人

清流 著

How To Be
An Emotionally Stable
Adult

北京联合出版公司
Beijing United Publishing Co.,Ltd.

推荐序

我并不是一个快乐的人!

如果很快乐是"+3 分",很痛苦是"-3 分",那么我的情绪时常在"-1 分到 +1 分"之间徘徊。也许是天生气质使然,又或者是创业维艰的缘故,接踵而来的问题和马不停蹄的压力,总让我在四下无人的长夜里难以入眠。快乐,从来不是性格的底色。

作为一个心理学平台的创始人,以及有着 18 年心理学经验的工作者,我并没有试图要将自己变成一个快乐的人,也没有在公开场合要求他人要成为一个快乐的人。为什么你学了这么多心理学依然不快乐?这好像与我们的常识和直觉相违背。对于情绪,如果我们要抵达的地方不是快乐,那么我们要抵达的地方是哪里?

在大多数人的集体潜意识里,"情绪"不是一个好东西,它会消耗我们。如同《黄帝内经》所描述的一样:怒伤肝、喜伤心、忧伤肺、思伤脾、恐伤肾。长期以来诸如此类的传统文化熏陶,让我们对情绪有了条件反射般的排斥，只要情绪这个东西一出现在我们身体里，我们就想立刻、马上、穷尽可能地把它从我们身体里赶出去！

我们需要重新去认识情绪！

我深深认可清流老师所说：情绪原本并不是一种问题。我们需要对情绪有更多反常识和全景的认知。借着清流老师新书发布的机缘，我在这里做一个"违背祖训"的决定，来谈谈我对情绪的一些认知。

情绪和情绪化

首先，情绪是一种必然的存在。情绪如同天气，晴天有时，阴天有时；骄阳似火有时，雷电交加有时。也许你喜欢晴天，不喜欢阴天，但是你不能因为讨厌阴天而想把阴天永远消除掉。天气如此，情绪如是。

一个人无论学再多的心理学，修习再多的方法和技巧，也没有办法消除情绪。虽然情绪是在所难免的，但情绪化是没必要的。也就是说，我们跟清流老师重新认识情绪，不是为了消除情绪，而是为了远离情绪化，不被某种情绪操控，不让某种情绪在关键时刻跑出来捣乱，把我们的人生搞得一团糟。

情绪和信号

其次,情绪是潜意识发给我们的一个信号。我们的教育偏重于大脑的训练,与身体、感受的联结,往往是我们的弱项。又加上长期以来对情绪的本能回避,我们很容易错过情绪要告诉我们的东西。

在清流老师的这本书里,我们可以学会与情绪对话;看清楚自己情绪的模样;了解它来自哪里,它为什么出现,我们的内心世界到底发生了什么;等等。当我们能和情绪相处时,我们也许会惊奇地发现:很多时候,情绪在保护我们。比如,进入陌生环境时产生的恐惧,穿越马路时的焦虑,这都是情绪在提醒我们要注意安全。

情绪和表达

最后,情绪是我们与世界联结的工具。当我们能去表达情绪时,情绪就是一个非常好的联结工具。其实大多数人会使用情绪这个工具。比如,在餐厅点完餐,但是过了很久都没有上菜,你很生气,甚至跟店长理论,愤怒的情绪可以帮你更快速地去解决问题。比如,你在和爱人闹别扭之后,跟对方坦露心迹,让对方看见你的悲伤,你的情绪可以让对方确认自己的重要性,更好地拉近两人之间的距离。

注意，情绪只有在良好表达的时候才是工具。毫无觉知地宣泄情绪，对他人而言只是伤害。生活中有这样一类人——"被动型攻击"的恋人，他们不表达情绪，只伤害自己，以此来操控关系。如何表达情绪，让情绪成为我们联结他人、联结世界的工具，清流老师在本书中也有很详尽的描述。

一直以来，我非常喜欢一句话：人生如同波涛上的月影，永远没有片刻安宁的时光。无常是生活的本质之一，我们不可避免地会沦陷到某种情绪里。通过对情绪的学习，我希望每个人都可以"痛苦，但不受苦"。

请记得，世界爱着你！

黄伟强

（壹心理创始人）

2021 年 5 月 19 日

自序

解决情绪困扰问题是我的临床专长之一，在过去近十年的时间里，这也一直是我咨询工作的一条主轴。在美国，我的工作对象是那些患有情绪障碍的来访者。在中国，我则在国内的法律框架下，帮助受到情绪困扰的亚健康人群，以及部分经精神科医生推荐而来且正在服药的情绪障碍患者。另外，我也开展一些针对大众和专业人员的情绪心理知识科普，以及情绪干预方面的教学。在美国学习和工作的时候，我阅读过很多国外心理情绪题材的书籍和手册，这些作品不仅给我的临床工作提供了很多帮助，还给其他美国读者提供了很多参考建议，以便他们在日常生活中进行自我情绪调整。当我和中国朋友讨论情绪，为中国来访者提供咨询服务的时候，发现这些作品似乎并不总是有效。

首先，中国人似乎不太喜欢特别结构化、有做题内容的书籍，这可能是因为中国人的日常生活大多是丰富多样的，并没有那么多机械化、流程化，甚至于一板一眼的生活体验，因此，他们面对情绪时的心态也更加灵活、随意。当然，也可能是被经年累月的考试和作业"折磨"怕了。如果一本书长得跟《五年高考三年模拟》似的，里面净是些填空题和大答题，那么无论是谁都难免会被激起一点潜意识里的反感。

而且，由于西方社会更个人化、更开放的文化形态和更普及的情绪教育，很多西方书籍会跳过许多非常基本的情绪内容，比如细致地去解释每种情绪（这类内容倒是经常在童书中出现），或者讨论特定文化下情绪的基本框架，作者默认这些内容是读者已知的。然而，中国人的情绪教育处于不同的发展阶段，大多数人的情绪基本知识零零碎碎，并且与西方的文化背景不同，因此有时候看了这些书虽然会有启发，但也会出现"水土不服"的情况。

再加上每位作者写作的出发点不同、写作背景不同，有些作者可能是从学术、励志或传播的角度来探讨情绪。这样的书很有阅读价值，但因为作者情绪工作的实践经验相对较少，其中难免会有理想主义的部分。书中罗列的道理、方法虽然科学系统，但对每天忙碌工作的人群来说，实现难度不是一般地大。有时候我甚至会告诉来访者，这几本书的内容仅供你参考，里面的方法并不适合实施，或者用起来不是那个效果，你就不要较劲了。

因此，相比复杂系统的作品，我更想写一本情绪类的基础读物，一本适合中国人的情绪"教育书"。虽然现在看起来社会上人们的情绪问题泛滥，甚至情绪本身都被贴上了"问题"的标签，但情绪原本并不是一种问题。相反，在整个进化过程中，它一直扮演着帮我们解决问题的角色，是一套强大高效的生存、社交机制。只有到了近代，由于人类社会和自然环境的变化非常大，加上许多人对情绪缺乏了解（可能因为他们必须把大量的精力投入到其他事物的学习上），以笨拙的方式对待它、处理它，甚至跟它对着干，情绪才开始普遍地造成问题。

相比立刻处理所谓的"情绪问题"，我倒是觉得更应该优先搞清楚情绪良性运作的方式。很多情绪现象如果能顺势而为，是可以自然消化的；反之，如果搞不清机制，盲目胡乱解决，反而可能造成后续问题，或者至少会导致解决无效，带来进一步的挫败体验。

我在写这本书的时候，参考了生活中许多亲朋好友的经历、我曾经的工作经历，以及在与同行和熟人交流时听到的相关情况。其中包括受到焦虑、抑郁等情绪困扰的人群，脑损伤或心理创伤导致述情障碍（一种难以识别和表达情绪的问题）的人群，以及因为先天的神经多样化表现而不擅长情绪表达和社交的人群，等等。当然，其中也有一些人并没有受到什么长期的情绪困扰，只是由于某些个人特质和缺乏情绪知识，在工作学习中碰了钉子。我希望这本书能够帮助受情绪问题困扰的人们比较全面地了解情绪这一主题，并且掌握发展健康情绪生活、进行有效情绪交流的一些基本技能，减少他们对情绪的困惑和在情绪体验中的困扰。

这本书脱胎于数年前我在壹心理[1]讲的一个系列情绪课程。在写作过程中，我对课程的内容进行了大量增补、删改，约有50%的内容是全新的。另外，还有30%左右是修订过的。我们会在本书的第一部分中定义情绪的组成部分、发生过程和功能，你可以从中了解每天都在跟你相伴的这种体验到底是什么，又有什么价值和作用。在第二部分中，我们会详细讲解每种情绪的特点、功能、相关问题，以及健康或不健康的问题应对方式，这应该可以帮你理解每天生活中绝大多数的情绪体验，并搞清楚哪些应对方式能减少问题，哪些会增加问题。在第三部分中，我们会具体聊一聊对情绪调节有帮助的普遍方法，并提供一些比较简单的练习方式，也会涉及一些具体情绪困扰的改善方式。在第四部分中，则会讨论人际关系中的情绪，也就是如何理解他人的情绪，以及如何表达自己的情绪。

我建议你从头开始看，因为后面的章节会引用前面章节的内容，但你也可以只看自己感兴趣的部分，然后在涉及交叉内容时再翻看别的章节。我尽量把这本书写得像一本情绪生活大纲，希望能够帮助你掌握情绪的"听说读写"能力。我们的祖辈可能出于种种原因在情绪方面处于"半文盲"状态，但我们可以通过学习、掌握这些知识和技能，摆脱情绪方面的蒙昧，向清醒和包容再迈进一步，这样对我们自己以及我们的下一代来说都是好事情。

---

[1] 壹心理成立于2011年7月，是一个专业的心理服务提供平台。

另外，需要说明的是，这本书总体是针对普通大众的，因此书中有意没有涉及一些更加进阶的情绪干预方式，尤其是针对情绪障碍、心理创伤一类严重情绪问题的详细处理方式。因为这些方式个人操作时可能会发生偏差，或者有一定风险。如果你感觉自己的情况比较严重，在参考本书的同时，建议你尽快就医或请求其他相关专业人员的帮助，避免延误治疗的时机。

目录

第一部分　情绪综述

情绪是一种非常复杂的人类体验，涉及我们生活的方方面面。因此，了解情绪非常重要。

1.1　情绪的定义 _3

1.2　身体、情绪、认知的交互关系 _9

1.3　情绪的作用 _15

1.4　大脑中的情绪管理 _20

1.5　情商 _29

第二部分 我们常见的各种情绪

　　各种情绪其实是表达我们内心不同需求的途径，是为了促使我们更好地行动，保证自己的生存。

2.1　情绪的分类 _37

2.2　悲伤 _44

2.3　愤怒 _53

2.4　恐惧 _62

2.5　厌恶 _71

2.6　快乐 _77

2.7　焦虑 _83

2.8　抑郁 _90

2.9　愧疚（内疚与羞耻）_96

2.10　其他常见情绪 _102

第三部分　如何与情绪共处

最让我们困惑和烦恼的其实并不是情绪本身，而是我们看待情绪的方式。只有学会在日常生活中觉察、理解、接纳自己的情绪，我们才能情绪更稳定。

3.1　情绪觉察：了解你独有的情绪模式 _109

3.2　情绪接纳：出人意料的解决方案 _118

3.3　自悯：做自己最好的盟友 _128

3.4　驾驭情绪：应对日常情绪的挑战 _134

3.5　自我关怀：构建健康的情绪生活 _156

第四部分　情绪与他人

我们表达情绪的方式会影响到他人，同样，他人的情绪也会给我们带来影响。学会共情与表达，是我们保持自身情绪稳定以及外在关系和谐的必修课。

4.1　情绪理解与共情 _165

4.2　情绪表达与沟通 _181

第一部分　情绪综述

　　情绪是一种非常复杂的人类体验，涉及我们生活的方方面面。因此，了解情绪非常重要。

1.1 情绪的定义

什么是情绪？目前，在科学界，情绪没有公认的定义，不同学科的专家对于情绪都有不同的看法和定义。可以确定的是，科学界几乎一致同意：情绪是一种非常复杂的人类体验，涉及人类生活的方方面面。

在日常生活中，情绪通常是指一个人受到外部或内心的刺激时产生的突发反应。比如，我们被他人批评时会觉得愤怒，我们想到过去自己做得不好的事情时会感到羞耻，这些就是情绪。除了少数大脑有器质性问题（如特定的先天神经发育问题、脑外伤、脑病变等）的人，几乎所有人都拥有情绪。每种具体的情绪都包含五个基本元素，按照情绪激发时的发生时间顺序，分别是认知评估、躯体反应、主观感受、情绪表达和行动倾向。在时间线上，越早发生的情绪元素对大多数人来说通常越难被意识到，而越晚发生的情绪元素则越容易被自己和他人注意到。现在，我们就来逐一了解一下情绪的这五个元素，同时也是情绪发生的五个步骤。

认知评估

认知评估是一个人对于当时发生的外部刺激或内心想法的基本评价，通俗来讲就是指你喜不喜欢这个刺激。这个评估会决定你接下来产生的情绪的情感色彩是积极的，还是消极的。比如，你的钱包丢了，那么这时的认知评估一般来说是负面的，接下来你产生的就会是负面情绪；你加薪了，那么这时的认知评估则一般是积极的，之后不论具体产生什么情绪，至少肯定是积极情绪。

认知评估的发生过程非常快，经常是在无意识中就发生了，当一个人注意到自己的情绪时，通常注意到的都是接下来的情绪感受，而认知评估的结果则被主观识别为是一种既定事实，也就是会觉得"这件事情原本就是这样的"，而不会注意到是"我判断这件事情是这样的"。有反思习惯的人有时候能够在情绪发生后，回溯自己最初的认知评估结果，也就是意识到自己最初是因为哪个念头而产生情绪的。即便能够意识到这些，想要改变当初的评价也是很困难的。这就是我们常说的"虽然认识到这么想对自己没有帮助"或者"虽然知道这只是自己的想法"，但到头来还是会习惯性地这么想，并因此难过或生气——认知评估就是有这么强大的力量。

躯体反应

躯体反应也就是情绪发生时身体产生的反应。实际上，在情绪的发生过程中，躯体反应较心理体验发生的时间更早。在大脑做出基本的认知评价后，身体会把这一评价作为客观现实进行反应。也就是说，如果你对一件事情的认知评价是"负面的""危险的"，那么不论客观上来说那件事情是不是有危险，身体都会首先按照有危险来进行反应——这包括交感神经激活、肾上腺素分泌等一系列生理反应，呼吸加快、肌肉紧张，人的生理机能会整个活跃起来。

一些对情绪比较敏感的人通常在这一阶段就能够注意到情绪的发生，他们会注意到自己的感觉跟平常不太一样，比如，感到有些气短或注意到自己头脑发热，于是意识到自己产生了情绪。也有一些忙于工作、生活的人，长期忽视自己的身体和情绪，身体可能早就被情绪的生理压力压得爆棚，但主观上还认为自己没什么情绪——这些人通常最终会出现在消化科、心血管科、神经内科、皮肤科和内分泌科，而他们抱怨的主要对象通常是自己的身体状况。其中有些人经过医生的提醒会注意到自己的身体状况与心理状况的联系，但也有不少人会否认，毕竟"身体有问题"比"心理有问题"更容易理解和接受。事实上，这种否认对他们的身心健康来说往往是雪上加霜。

主观感受

情绪的主观体验就是我们常说的愤怒、焦虑、悲伤、羞愧等，它们实际上是人们对情绪发生之前的身心反应的一种主观感受。通常绝大多数人都是在这个阶段开始意识到情绪的，不过个体之间仍然有情绪觉察能力的差异。有些人在情绪很强烈的时候才会意识到，甚至别人询问他是不是情绪低落，他才感觉到低落；也有一些人可能在情绪极细微的时候就有所感觉，这通常意味着他们更懂得情绪，同时他们也需要更多的时间和精力去处理情绪信息。

另外，主观感受和最初的认知评估是直接相关的。即使是同样的躯体反应，不同人在主观体验上，也会由于一开始的认知评估不同，而产生截然不同的情绪感受。比如，同样是在面对压力时交感神经兴奋、精神紧张的身体反应，喜爱挑战的人可能会把它解释为"兴奋"，因此对即将到来的事件跃跃欲试；而厌恶挑战的人则可能把它解释为"焦虑"，并为接下来将发生的事感到压力大。这也可以解释在同样的场景下，为什么有些人更容易体验积极，而另一些人则很容易消极下去。

情绪表达

当一个人主观感受到情绪的时候,情绪通常也会通过一定的方式表达出来。比如,面部表情、语音语调的变化,以及整个身体姿势的变动。从进化的角度来看,这主要是为了向周围的其他社会成员传达人们自身对一件事的看法和行动意向,也就是说,情绪表达是具有社交属性的。通常在成长经历中比较受关注的人,情绪表达会更加明显、丰富,因为这些表达对他的生活有意义,可以帮助他和周围的人交流;而成长经历中比较受忽视的人,情绪表达通常会更少,内容也更单一,因为在他们的经历中,不论如何表达也没有太大不同,这个功能就退化了。

情绪表达也很大程度上受到社会文化的影响。比如,社会较能接受男性表达愤怒,因此男性不论是觉得沮丧、悲伤、恼火还是羞愧,都容易表现成愤怒,一副别人欠了他八百万的样子;而社会较能接受女性表达悲伤,因此女性不论是愤怒、失望、抑郁,甚至高兴,最后出现的情绪表达可能都是哭泣。因此,在社交中,情绪表达只能作为一种参考,而不能以一些微表情、单一表达,就一对一地推论他人的真实感受。

行动倾向

情绪具有动机功能,当一个人身体中充满了情绪的能量时,他通常会感觉想要去做点什么，这就是情绪的行动倾向。当情绪从认知、躯体、感受最终走向每个人都可以观察到的行动时，其实已经走到了整个情绪流程的尾端。情绪导向行动，甚至可以说，整套情绪系统就是人类进化时为了更快地引导适应性的生存和社会行为而产生的。当我们能够良好地掌握情绪时，就比较容易感到动力十足；而如果我们习惯于压抑情绪，常常经过一段时间的累积，我们就会觉得生活没有动力了——这就是情绪动机功能的体现。

不仅如此，当我们能够根据自己的情绪进行适当的行动时，就会感到情绪获得疏解，有一种完成的感觉；而如果由于主观或客观原因，达不到或不存在适当的行动，我们就会感到这个情绪没有结束，它会时不时冒出来"叨扰"我们。在现代社会中，"适当的行动"受到家庭、社会、教育、情境等各种因素的影响，比古代丛林中的情况复杂得多。比如，愤怒让人想揍人，但我们不能对任何人施暴，那这个情绪要如何适当地完成就成了个大难题。有些人找到了相对健康的方式，比如运动、艺术；也有些人选择了极端甚至违法的方式。

1.2 身体、情绪、认知的交互关系

在上一节中我们可以看到,情绪是一套与我们日常生活息息相关的复杂系统,我们的身体、情绪和认知之间有着千丝万缕的联系。只要用心观察,几乎每个人都能看到这三者之间持续不断的交互作用。

身体与情绪

我们的情绪与身体有相当直接的联系。事实上在大脑内,处理情绪痛苦和生理痛苦的脑区完全相同,因此情绪难过经常会被体验为一种身体难过的感受。比如,在电影《爱是妥协》中,男主角因为被女主角甩了一巴掌,初次体会到恋爱中的心痛,却把情感痛苦和身体痛苦搞混了，以为自己犯了心脏病，还叫了救护车，最后被医生告知所有生理指标全部正常。还有一个典型的例子是惊恐发作。惊恐发作通常是由于焦虑感大量无意识地累积并最终触发造成的，但当事人通常都对其触发过程毫无觉察，直到在焦虑感排山倒海般地压下来时才突然惊觉，因此感到措手不及；紧接着就是难以控制的生理应激反应和过度换气带来的头晕目眩和手脚麻痹，当事人经常感觉自己物理意义上的"要死了"，但十几分钟后可能一切又都烟消云散。对于缺乏心理学知识的人来说，惊恐发作的主观感觉就像撞邪了一样，实际上它只是心因性的生理应激反应而已。

不仅短时间内的情绪问题可能带来大量躯体反应，长期的情绪问题也可能带来一系列身体症状，比如头晕、耳鸣、失眠、持续疲劳等，都是很常见的情绪问题引起的生理症状；神经性皮炎、哮喘、胃溃疡等疾病的发作，常常也跟心理压力有明确的联系。情绪还可能造成不健康的行为，比如抽烟喝酒、暴饮暴食，这些行为大多只能短期缓解负面情绪，但会对身体健康造成长期的负面影响。

当然，身体同样也可以影响情绪。并不是所有的情绪问题都是心理因素造成的，有时候身体状况本身就可以导致情绪的重大变化，不同性别、年龄段之间的情绪模式差异，也受生理基础的影响。比如，在青春期和更年期，由于身体激素水平发生变化，人们通常会更容易烦躁、情绪化；而女性在月经期间，由于雌激素分泌水平的快速变化,也可能导致心绪烦乱。这些情绪变化并非心理问题,而是人类生理过程的一个组成部分,属于自然规律的体现,应该得到人们的尊重和理解。更多时候,这些情绪变化只是需要本人和周围环境的理解和接纳,就足以随时间顺利平复。只有在造成严重问题的情况下,才需要额外去干预。

但也有一些情绪问题是生理病变的表现,由于情绪的表现和表达依赖人体的生理化学过程,如果在这些过程中出现问题,就可能会以情绪问题的方式表现出来。比如,甲状腺机能减退和肝脏功能失调都可能造成明确的抑郁情绪,缺乏维生素 B 族和维生素 D 也可能造成情绪低落。一些脑肿瘤在初期也可能以情绪障碍的方式表现出来,比如情感淡漠或极度易怒——这些情绪反应经常与当事人原来的个性全然不符,简单来说就是感觉整个人突然"脱离人设"了,此时可能就要提高警惕了。

认知与情绪

认知与情绪也有相当直接的相互作用。情绪的一个组成要素就是认知评估,因此对同样事件不同的认知评估就会引发不同的情绪——事实上,整个理性情绪疗法和认知疗法都是建立在这一情绪认知理论的基础上,即人的情绪并非受到客观事件影响,而是受到人们对客观事件的信念和解释影响。不论事件的实质如何,只要人们对其的认知积极,就会产生积极的情绪,反之则会产生消极的情绪。也就是说，同样是转职，如果认为自己被旧部门抛弃了，就会感到沮丧，但如果把这看成一个尝试新工作的机会，就会感到兴奋。

在讲过情绪的所有组成部分后，我们可能会发现这个情绪认知理论对情绪的产生机理有些过度简化，但它确实很好地描述了认知影响情绪的过程。尤其在一个事件比较个人化（不太受周围环境影响）的时候，人们个人的解释，确实可以独立决定接下来会产生怎样的情绪。同时，改变认知也是很多人调节情绪的主要方式之一。

认知对情绪的影响并不是单向的，情绪同样也可以影响认知，而且这种情况可能更普遍。我想，大多数人都有过这样的经历：在心情非常好的时候，想不起太多烦心事，无论面对什么事情态度都很积极；而在心情不好的时候，连一件高兴的事情都想不起来，无论面对什么事情都觉得没戏。这是由于人们的绝大多数记忆都是包含情绪的，甚至可以说正是因为过去的事件诱发的强烈情绪，大脑才感到有必要把这件事记忆下来。因此每种情绪都会诱发与该情绪一致的回忆、概念、态度和想法，造成人们当时的情绪决定了人们可能产生什么想法。

不仅如此，同样情绪色彩的想法和情绪还会彼此加成，也就是俗称的"越想越气"——因为想法受到情绪的影响，所以我们能够想起来的"证据"经常都是支持当下情绪的。这样的证据一多，我们就会开始觉得这些念头不仅仅是想法、回忆、推理，更是客观事实！然而情绪过去以后，我们可能又会突然迷茫了：我之前想的都是个啥？怎么这么荒谬？当时怎么就没想到其他可能性呢？这就是情绪对思维、认知的影响。

对于长期处于一种情绪中的人来说，这种影响还可能进一步泛化，导致其内心形成一种思维定式。比如，长期患有焦虑症的人可能每天注意的都是周围的危险和伤害，就容易形成"世界是危险的""他人都是不可信的"之类的信念；而长期抑郁的人，因为一直专注于事物负面的部分，则容易产生"人生是没有意义的""每件事里必然有什么地方在本质上就是不好的"之类的信念，然后继续在焦虑或抑郁的情绪中循环自证下去。

正因如此，觉察自己所处的情绪就显得格外重要。当意识到自己的认知受到哪些情绪因素的影响时，我们就更能了解自己此刻可能会过度看重了什么，又可能忽视了什么，才能使情绪对思维过程的负面影响降到最低。当然，有些读者可能会表示，那我们为什么不能没有情绪呢？这样它就不会影响理性了。实事求是地说，这既不现实，也是弊大于利的，这一点我们在涉及情绪的作用时还会详细展开。

正因为情绪、认知和身体三者之间有如此紧密的联系，所以在调节情绪的时候，无论我们从哪一方开始下手都可能见效。比较典型的从身体下手的方式，是通过运动来释放压力激素，减少压力带来的负面情绪；而比较典型的从认知下手的方式，则是心理学中的认知疗法，也就是通过调整一个人的思维方式来改善情绪；心理治疗中也大量存在以情绪为主的疗法，比如情绪取向疗法。通过调整和宣泄情绪，当事人可能会发现，自己的思维变得更清晰了，身体也感到更有力量了，这就是身体、情绪、认知之间相互作用的结果。

1.3 情绪的作用

曾经有不止一个来访者向我表示，他们希望自己没有情绪，或者希望自己至少不再有负面情绪。这是个相当危险的想法。如果一个人失去了全部情绪或全部负面情绪，那是比负面情绪爆棚还要严重得多的状况。情绪在人们的生活中具有许多核心功能，一旦失去，人们的生存和运转可能就会难以为继。事实上，情绪是人类在整个进化过程中，为了应对环境，为了使人们更好、更有能力生存下来，所进化出来的一套生存系统。某种意义上来说，如果没有情绪系统，人类还能不能存活到今天都很难说，因为它帮助人们实现了一系列基本的个体生存、人际交流和社会文化功能。

情绪保障生存

首先在个体层面，情绪使我们在求生方面变得更强大、高效。由于情绪只需要一个瞬间的认知评估就可以激发，它比复杂的思维反应要迅速得多。现在人们可能经常觉得不经思考的情绪反应是一件不好的事情、一种不成熟的表现；但在危急时刻，正是这种条件反射式的反应在一次又一次地拯救自己。比如，现代客机要求的满员紧急疏散时限是 90 秒钟。你能想象一架你需要花半个小时登机的飞机能够在 90 秒内清空吗？当然，紧急疏散不用搬行李，但这里我们说的是一架满员的飞机，并且所有人都要鱼贯从仅有的几个舱门出去，而不可以从窗户跳出去，从货仓溜出来——在这种时候，只有条件反射式的恐惧情绪和恐惧所诱发的生理应激反应能够把乘客迅速、准确地带向安全。在乘务员的紧急疏散培训中，甚至包含对乘客发出强迫指令，其目的之一就是为了让乘客不要思考。因为此时，情绪本能才是人们的救命草，能够把人们一把拉到安全区。

情绪触发行动

情绪也是激发当下和未来行动的主要媒介，从情绪所包含的丰富元素就可以看到，情绪能够串联知觉、注意力、记忆、目标设定、动机、行为决策，乃至最终的行为等一系列生理或心理功能，也就是说，情绪是我们日常生活和行动的指挥家和协调者。如果我们企图用单纯的理性带动行为，那么往往会发生这样的情况：我们认为所有的逻辑都是对的，道理我们都懂，但我们就是动不了——这可能就是因为我们没有足够的情绪可以支持这一行动，甚至在有些情况下，我们的情绪感受和"逻辑推理"的结论是截然相反的，头向着一个方向，而身体向着另一个方向，这就相当拧巴了。我们会在不知不觉中将大量的精力消耗在自我对抗上，最后一整天什么都没干，却感到精疲力竭。相比之下，对于一个情绪接纳度高，能够倾听、协调自己的情绪感受的人而言，通常会感到自己的整个生活体验相对比较流畅，似乎自己想要做什么事情都比较容易实施。这并不意味着他的生活中没有客观困难，而是因为他体内的各部分功能能够在情绪的指挥下合作流畅，并由此带来积极的主观体验。

同时，这里也要说明的是，情绪虽然具有动机属性，却不一定会带来行动，准确地说，它只是让我们的各部分做好行动的准备，并指明了行动的大体方向。实际的行动仍然受环境条件、过往经验、个人意志等其他因素影响。如果我们根本没有准备好，必然会使之后的行动难上加难。

情绪辅助交流

对于人类这样的社会动物而言，情绪还具有社交、人际的功能。情绪及其表达是人际沟通中最主要的社交信号之一，也就是我们常说的"非语言沟通"——它是我们所有人一生中掌握的第一门语言，也是我们真正的母语。在还不会说话时，我们就已经以欢笑和哭泣来与父母沟通了。

几乎所有沟通专家都会强调非语言沟通的重要性，以及它对沟通潜移默化的强大影响力，可以说在很多情况下说什么不重要，怎么说才重要。如果一个人在说话的过程中，有与内容相称的情绪表达，在说到伤感的事情时表情哀伤，在说到高兴的事情时满脸喜悦，那么就很容易抓住他人的注意力，也更容易获得他人的理解和认同。反之，再优美的文字如果面无表情、语调单一地复述出来，恐怕也会让听众睡意满满，甚至根本没人能记起他到底说了什么。可以说语言是一个 2D 平面的世界，而情绪将这些内容转化成了一个 3D 立体的世界。有些时候，面部情绪与语言表达的内容情绪色彩不一致甚至会降低一个人的可信度，人们会不知不觉地对这个人敬而远之，因为潜意识里感到这个人表里不一，不可信任。

情绪维系关系

情绪还能够帮助人们构建更紧密的社会关系，它使人们彼此能够更好地协作，是社交生活中有机的组成部分。很多情绪都具有社会功能，比如，当我们表现得悲伤时，他人就更可能来帮助我们；而当我们感到羞耻时，我们就更不可能去违反一些社会规范。当我们感到快乐时，这种愉悦的情绪经常也会感染他人，让周围的人都从中获益，感到更加轻松愉快，并因此更愿意接近我们。如果我们和他人对某件事情产生同样的情绪，就产生了情绪共鸣，这种共鸣是人际联结最紧密的纽带之一。大到民族大义、国仇家恨，小到对同一种零食的喜爱，人与人之间的联结感和认同感就是通过不断分享这些情绪建立和发展起来的。

甚至在社会交换中，情绪也拥有独立于物质、金钱之外的价值。我们可以想象一下，如果有两个选项摆在面前：选项一，可以得到100元，但之后会陷入情绪的黑洞；选项二，只能得到10元，但之后情绪不会受影响，甚至会感觉有点小愉悦。那么，我们会选哪个选项？大多数人可能都会选择选项二，因为"情绪好"本身的价值对我们来说已经超过了这笔钱的价值。而我们在与他人交流、交易时，这种隐形的情绪价值也会在无形中不断交换，这就是善于与人情绪共鸣的人更容易交到朋友的原因。

1.4
大脑中的情绪管理

情绪的功能如此重要，过程又如此复杂，显然我们的大脑中必然有一整套系统流程是跟管理和调节情绪有关的。接下来我们就来看看情绪在大脑中是如何发生的，大脑的各个部分又是如何参与到情绪的激发和调节之中的。以脑的演化来看，我们可以简单地将大脑分成三个部分：爬虫脑、古动物脑（或称边缘脑）和大脑新皮层。这只是一个帮助我们理解大脑的简化模型，并不是说大脑就只有这三个部分。

爬虫脑

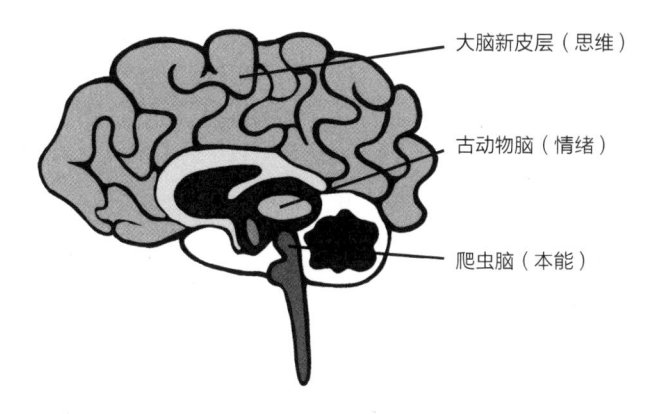

图 1　爬虫脑

大脑最核心的部分是爬虫脑（见图 1），它连接脊椎根部，主要由脑干和小脑组成，管理人类的自主神经系统，也是人类最根本的维生系统。其功能包括控制心跳、维持呼吸、调节血压和体温等等。之所以将这个区域称为爬虫脑，是因为人类大脑的这个部分与爬行动物的大脑是高度重合的。这一部分的反应模式也相当单一，是纯粹的二分法，也就是说，只有两种反应方向——提高、加强或降低、削弱，是完全的线性机器。如果一个人看待事情不是好就是坏、不是黑就是白，不太能接受灰色，不能理解复杂的意思，那么这种反应模式就比较接近爬虫脑的反应模式。

爬虫脑的这种反应模式与其生理机制有关，因为它能实际激活并加以利用的神经系统只有两套——交感神经系统和副交感神经系统，并且主要都是通过神经递质去甲肾上腺素和乙酰胆碱来管理这两套系统。其中交感神经系统负责调动身体应对压力，它会使机体兴奋，比如激发战斗、逃跑反应。交感神经系统能够提高血压、加快心跳、扩大瞳孔、绷紧肌肉等，同时，它还能够抑制消化、免疫、生殖等一系列"相对而言对战斗或逃跑没什么用"的系统功能，这也是长期处于应激状态下的人会出现肠胃炎、免疫力低下、性功能不良等问题的原因。

反之，副交感神经系统主要负责放松状态下的休养和修复功能，有镇定的效果。当副交感神经激活时，人的心跳就会减慢、血压下降、肌肉放松、瞳孔缩小，同时体内各种"第二、第三产业"就开始运作，比如消化食物、上个厕所，处理一些之前忽视的次要风险（杀菌、排毒等），以及完成人们最重要的休息功能——睡觉。所以如果你有失眠问题，大多是交感神经过于兴奋，而副交感神经激活不足造成的（见图2）。

因为两套神经系统不同时工作，通常一个激活的时候，另一个就处于休眠状态。毕竟一个人不能血压既高又低、呼吸既快又慢，因此就造成爬虫脑的这种二分法的反应模式。当我们处于不同情绪时，爬虫脑就会根据情绪的类型和强度进行一对一的线性反应，并且每次的反应方式和程度都几乎相同。比如当我们恐惧时，呼吸加快、血压上升的功能就是由这个部分来指导完成的。只要你感到恐惧，你就会呼吸加快，并且你恐惧的程度和你呼吸

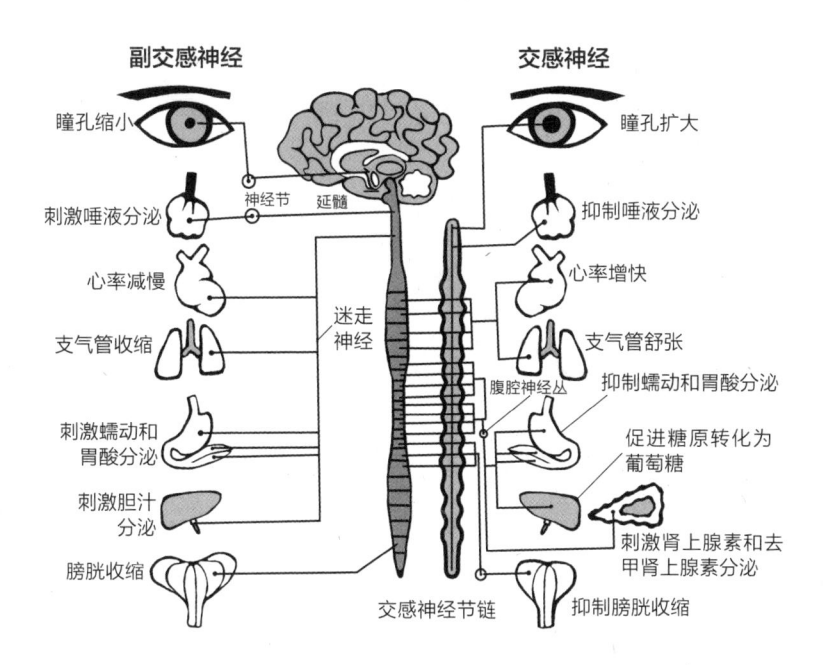

图 2　交感神经系统和副交感神经系统

加快的程度是有直接关系的。不仅如此，这个部分的生理反应是完全条件反射式的，除非经过特殊训练，一般人无法主动控制它的功能，就像你不能想让你的血压上升就上升、想让它下降就下降。

古动物脑

在爬虫脑的外层包裹的是古动物脑，也就是人类和古代动物大脑重合的部分。这个部分主要由边缘系统组成，因此常被称为边缘脑，它包含负责应激、报警的杏仁核，主管记忆的海马体，以及影响激素分泌的下丘脑等。这个系统具有更复杂的感觉功能，也是人类所有初级情绪的反应中枢。迪士尼电影《头脑特工队》（*Inside Out*）讲述的就是边缘脑中发生的故事。

边缘脑具有非常复杂的感觉功能，会对从丘脑输入的环境刺激进行无意识的价值判断：好、坏、对、错、危险、安全……在我们还没有意识到的时候，边缘脑就已经得出了它的第一个判断，而这就是我们在情绪五元素中谈到的第一个元素——"认知评估"。认知评估并不发生在"会思考"的大脑新皮层，而是发生在"会感觉"的边缘脑中——在这个评估产生时，它还不是一个想法、概念，而是一个感觉，就是"我喜欢"或"我不喜欢"这样一个感觉。

我们身体中有许多"报警系统"都连接到边缘脑中的杏仁核，一旦这个认知评估的结论是"危险"，杏仁核就会立刻进行报警，要求身体各系统做出反应，也就触发了情绪反应接下来的一系列身体和情绪反应，为最终的行动做准备。不仅如此，杏仁核与负责记忆的海马体相连，因此也会刺激海马体记忆当时的场景，这就是为什么我们比较容易回想起有强烈情绪的记忆，而当我们回忆起某些事情时，事情发生时的情绪也会同时激活。在情绪反应的过程中，边缘脑并非一家独大，边缘脑的反应是可以被大脑新皮层影响的。

大脑新皮层

大脑最外层、范围最广大，且最发达的区域是大脑新皮层。新皮层是属于高级哺乳动物所有的特有区域。这个脑区分为左右两个半球，负责语言、抽象思维、想象、意识等一系列复杂功能，也可以推测和计划未来，执行复杂任务，进行从无到有的创造、学习前所未知的知识，甚至连我们的文化、道德、身份构建也都发生在这里——新皮层是我们日常觉察、触及的绝大多数认知思维活动的中心（见图3）。

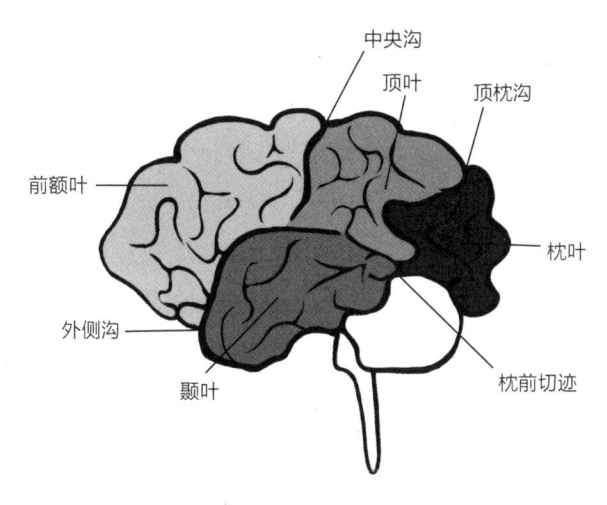

图3 大脑新皮层

丘脑是感觉的高级中枢，是最重要的感觉传导接替站。丘脑所接收到的环境刺激信号除了被快速送入边缘脑，也会被送入这个大脑新皮层上的各个感觉皮层，比如，枕叶中的视觉皮层、颞叶中的听觉皮层、顶叶中的感觉皮层等（只有嗅觉的处理中心在边缘脑中）。环境的刺激信号会在这些皮层中被重新处理，赋予更复杂的意义，并且还可能被发送到前额叶，进行系统的推理和分析，从中得出对未来的预测，以及所需的一系列行动步骤。

由于这套系统是如此精密复杂，它所需的处理时间显然比边缘脑久得多。当然，这里所说的"久"只是相对而言，实际上往往连一秒都用不到，可能就是我们"定睛一看"的工夫，新皮层就处理完了这些信息，得出了一个与边缘脑相同或不同的结论。比如，边缘脑可能大叫"危险！有蛇！"然后新皮层在半秒后得出结论"没有危险，是绳子"。当新皮层发现边缘脑的反应不合理、不适当的时候，就会向边缘脑发送信号，要求其停止过激反应，或者调整反应的程度（这种调整可能是调低，也可能是调高，比如当分析出更大的潜在风险时，我们可能会感到更紧张）。

如果我们的新皮层受到过良好的理性和情绪训练，能够快速地觉察自身所处的情绪状态，以及激发这种情绪状态的原因，那么就能较快地调整边缘脑，也就是说，能够较快地使我们的情绪反应与现实情况相协调，避免过激反应或者没反应过来。反之，如果我们的新皮层对情绪本身不了解，难以意识到自身所处的情绪状态，那么就会变成边缘脑在情绪上领导新皮层的状况。在这种状况下，我们在日常中情绪失控、失调的风险也会随之增高。

让我们用一个例子来梳理一下大脑中情绪管理的过程。比如，当我们在路上开着车，突然听到后面的人很粗鲁地按喇叭时，首先人脑的边缘系统会激活，刺激交感神经系统兴奋，激发某种战斗或逃跑的反应。这可能反应成一种愤怒情绪，有些人会觉得我好好开着车，你按什么喇叭，有本事你从我头上"飞"过去啊。甚至想要急刹车报复一下后车。当然也有些人可能会突然慌了，觉得自己是不是开太慢了，急急忙忙就去踩油门。这两种都是边缘系统做出的应激情绪反应，在当下情境都有可能引发危险。

在同一时间，后车按喇叭这件事情也被传到了大脑新皮层。如果新皮层能够意识到因此产生的不悦刺激，并且意识到自己愤怒或者慌了，那么就可以立刻提醒自己，"不要跟对方置气，安全第一"或者"不要马上踩油门，正常行驶"，要求边缘系统停止应激。如果我们的新皮层足够强大，与边缘系统有良好的合作关系，那么边缘系统就会慢慢缓下来，副交感神经系统激活，我们的情绪逐渐平静下来，可能什么也没做，就随后面那辆车去了。毕竟在这种情况下，大多是对方的问题，和我们并没有什么关系，也不需要对对方做什么反应——以上就是我们在这个小事件中情绪管理的整个过程。

在这里还要说明的是，由于大脑模型的命名方式，导致很多人会觉得爬虫脑比新皮层"低级"，本能比思维"劣等"，事实并非如此。大脑的每一个部分对于人的生命和生存来说都具有不可替代的作用。如果没有新皮层，人类就无法认识自我、适应社会、学习任何复杂的任务。如果没有边缘系统，人类就没有情绪情感，根本无法从经验中学习,并且在快速变化的环境面前会像个行动迟缓的笨蛋。而如果没有爬虫脑,人类就会直接死掉——没有错,立刻,马上,死掉!因为我们的呼吸和心跳已经变成一条直线了。所以不要贬低大脑中的任何一个部分,它们对人类的生存来说都是至关重要的。我们要学习的是理解、适应、协调这些部分,而在情绪生活中,这意味着去了解爬虫脑的反应模式,接纳边缘脑的应激习惯,发展新皮层的调节能力,以及学习如何在这三者之间找到一个动态的平衡——这就是我们俗称的情商。

1.5 情商

既然讲到情绪，那么也就必然会涉及日常生活中我们对情绪的应用和掌握能力，也就是所谓的情商。情商是一个在话语体系中普遍被误解的词。由于大量商业培训中有意无意的误用，一提到高情商，大多数人想到的往往是一个精于计算、左右逢源，擅于控制自己，更擅于操纵他人的形象——高情商意味着一种能从容不迫地在关系中谋取利益，同时还能不得罪别人的能力。这个能力听起来特别实用，然而这与其说是情商，不如说是成功学、厚黑学。在心理学中，情商原本不是这个意思。

情商原本的定义是从智商的定义迁移过来的。如果一个人智商高，我们会说他学习新知识很快，能够快速理解不同的知识，了解它们之间的差异和联系，并且能够很快将学到的知识适当地运用到生活和工作中，甚至能够从旧的知识中产生新的知识。情商与此相同，只不过这次，学习和应用的对象从知识换成了情绪而已。

　　情商是指一个人识别和分辨自身与他人的情绪，并运用这些情绪信息来指导思维和行为，以及为了适应环境或达成目标管理而调整情绪的能力。情商强调的并不是去控制自己或者操纵别人，而是一个人对自己情绪全方位的觉察和认知能力，以及灵活的调节和运用情绪的能力。

　　在具体操作上，情商可以被细分为四种能力。

情绪识别能力

　　情绪识别能力也就是大脑新皮层的情绪觉察能力。这一能力是所有情绪管理和应用的基础，简单来说就是"我知道自己现在有没有情绪，有什么情绪"。这件事听起来简单，但对现代人来说并不容易，因为我们不论在家里还是学校，几乎都没有学过如何快速觉察自己的情绪，更不用说现在工作、生活的压力导致我们经常顾不上自己有什么情绪。如果一个人不能精确地识别自己现在处于怎样的情绪，那么就等于根本搞不清楚自己内在的状况和目前要应对的情绪问题。连情绪的"题目"都读不对，或者"读题"速度太慢，情绪都已经产生了很长时间，还反应不过来，也就不用提后面的情绪管理和情绪应用了。不管你自认为有多理智，只要觉察不了情绪，注定就会在不知不觉中被情绪拽着跑。

情绪理解能力

我们不仅要能识别出情绪,还需要理解情绪背后的意思,才能合情合理地调整和应用情绪,而这就是情绪理解能力。情绪理解不是一种单纯的逻辑推理,而是通过观察自己和周围人的情绪,并总结得出结论。比如,我观察到自己面对权威时会感到胆怯,因此推测自己对权威有恐惧心理。另外,可能还会进一步回想起这种胆怯、恐惧的情绪反应也许与自己读书时老师很严厉有关,并对此抱有同情心。以上这个过程就是所谓的情绪理解。

情绪理解首先需要从自己开始,然后推己及人,产生同情心;再经过经验积累,最后达到能够理解跟自己完全不同的人(即我完全不会有这样的感觉,但我能理解你为什么此刻会有这样的感觉),也就是达到能够共情。很多人经常急于去解读他人的情绪,却忘记了情绪理解需要先从自己做起,否则对他人的情绪解读就会局限于逻辑推理和主观臆断。

情绪管理能力

情绪管理顾名思义,就是指一个人管理自己情绪的能力。我们在前文中也曾提及过"情绪管理",但这个词其实不太好,容易让人产生误解。因为"情绪管理"这个概念起初是在管理学被引入心理学时形成的,因此它总给人一种"情绪是我们的下属,甚至是一台设备，我这个老板得居高临下地好好管理它"这样一种感觉。实际的情绪管理压根就不是这么回事，因为情绪并不是什么外物，而是我们自己的一个组成部分，是边缘系统的一个主要功能，甚至可以说是生存本能。因此如果我们想要像管理外界事物一样控制、利用它，就会感觉各种不顺手，毕竟哪个人会心甘情愿被控制、利用呢？结果就是，在我们尝试"管理"情绪的同时，边缘系统和新皮层"打了起来"，也就是俗称的情绪内耗。最后情绪管没管好不知道，累是肯定累得要命。

相比情绪管理，"情绪驾驭"或"情绪掌握"的说法更加贴近现实。也就是在尊重情绪本身发展机理的自然规律基础上，学习与情绪、边缘系统和平共处、协调发展，甚至享受情绪的起起落落，不感到惊慌失措，反而将它当成丰富人生体验的一部分。这大概就是情绪管理比较理想的状态了。

情绪应用能力

情绪应用能力简而言之就是使用自己情绪的能力。我们在上一节中已经讲到了情绪对人类日常生活的方方面面起到了许多重要作用，一个高情商的人了解情绪的这些功能，并且能够有意识地在适当的时机调动情绪，来帮助自己完成生活和社交任务。这包括能够在需要生气的时候生气，让企图伤害自己的人知难而退；在应该害怕的时候害怕，并通过识别这种恐惧感的来源规避相应的风险；在遇到美好开心的事情时能够高兴，并能够根据自己对不同事物的喜恶情绪了解自己的喜好和专长；在需要兴奋的时候兴奋，能够充满激情地投入生活，完成眼前的任务。情绪应用也包括在人际交流中能够自然流畅地表达情绪，并与他人的情绪产生共鸣，甚至能够通过情感交流加深与他人直接的深刻联结……情绪的作用千变万化，而善于应用情绪的人也能够灵活地使用它们，使自己的生活更顺畅，心境更健康。当然，情绪应用能力显然是排在情绪识别能力和管理能力之后的，也就是说至少要有一定的情绪识别和理解能力，才能发展出良好的情绪应用能力。

具有较高的情商也就意味着具备上面列出的这些能力，而运用这些能力则会给当事人带来比较顺心的生活体验。高情商的人自我觉察和认知度高，也就是知道自己有什么感觉，知道自己在干什么，知道自己为什么要这么干；自我管理能力强，因此能够调节自己，适应环境——并且这不是通过自我操纵、自我对抗达成的，而是由于内心世界的协调融洽。一个高情商的人必然也是一个共情能力很强的人，能够理解自己，也能够理解他人，并且在做决定的时候能够考虑到彼此的感受。同时，良好的情绪调节和表达能力自然也会带来更顺畅的社交体验，所以从外部看起来，高情商的人经常会被认为是擅长社交的人。事实上，一个情商低的人并不一定有情绪困扰，只要各方面顺风顺水，情商低照样也可以活得很滋润；但情商高的人必然是一个情绪生活比较健康、情绪困扰比较少的人，即使遇到困境或负面情绪，他也能相对从容地应对。

  虽然智商成年后很难再有提高，但情商作为一种能力，是能够通过训练提高的。只要你感兴趣，你也能够通过学习和了解情绪，提高对自身情绪的理解、驾驭能力，并将其运用到生活和工作中。在接下来的第二部分中，我们就会从情绪识别开始，帮助大家学习识别每一种情绪，理解它们背后的动机和价值，同时也了解应对它们的一些基本方式。

第二部分
我们常见的各种情绪

　　各种情绪其实是表达我们内心不同需求的途径,是为了促使我们更好地行动,保证自己的生存。

2.1 情绪的分类

想要识别和理解情绪，我们首先需要了解一下情绪的基本分类。情绪有许多种不同的分类方法，每种分类方法都有其功用，了解情绪的分类可以帮助我们提高对情绪的理解和驾驭，同时也为我们之后的情绪管理提供指导。

大家最为熟悉的分类方式应该是将情绪分为积极情绪和消极情绪，或者更直白地说，对一般人而言，所谓积极情绪就是"我喜欢的情绪""好情绪"，而消极情绪就是"我不喜欢的情绪""坏情绪"，然而这种分类方法是否准确还有待商榷。我们在第一部分中详细探讨过情绪多种多样的作用和价值，既然我们需要各种情绪才能良好地驾驭生活，又怎么能在它们之间分个亲疏远近出来呢？如果我们需要恐惧感帮我们求生，但是我们讨厌它，那就像我家需要保安，但我一看见保安就烦——这就相当拧巴，并且在关键时刻很可能会给自己造成麻烦。

因此，我们就需要暂时抛开个人喜好，了解更科学、更有指导意义的情绪分类方法，接下来就将展开讲述两种情绪分类方法，供读者参考。

基本情绪 VS 复杂情绪

第一种分类方式，是将情绪分为基本情绪和复杂情绪。顾名思义，基本情绪就是每个人都有的，最原始、纯粹的情绪，它们分别是悲伤、愤怒、恐惧、快乐、厌恶。我们会发现这五种情绪都非常常见，几乎所有人都经历过它们。这并不是巧合，而是由于所有基本情绪都有与之对应且具有独特性的生理过程。可以说这五种情绪不是我们后天学会的，而是我们出生时"从娘胎里带出来的"。如果把人类比作一个系统，那这五种情绪就类似于系统的装机程序，在第一次开机时就自动安装完成。理论上来说，所有哺乳动物也都拥有这五种基本情绪，比如，猫受到惊吓，或者狗因为主人过世而悲伤，动物也许没有语言，但它们的表情动作（情绪表达）就足以让人们理解它们处在怎样的心境下。因此，在基本情绪方面，人类与动物是相通的。

相比之下，复杂情绪自然复杂得多，它们通常需要我们后天通过与环境、社会和他人的互动才能习得，并且经常具有更复杂的体验和意义，在个体差异上也会更大。比如，愧疚就是一种非常典型的社会情绪，需要通过社会互动才能学会，我们从动物身上就可以观察到这一点。长期养在家里的家猫对打翻东西可能会表现出一定的愧疚，但是恐怕很难有什么事情能让在野外独立生存的野猫感到愧疚。这主要是因为野猫的绝大多数精力都放在觅食和繁殖上，情绪对它们而言很大程度上只是一种求生功能。

由于复杂情绪是通过学习得到的，学习时的环境、条件、具体情况就都可能影响到这种情绪未来会在何时触发，又如何被触发，这也就造成了复杂情绪的个体差异性。所有人可能都会因为爱人过世而感到伤心，因为看到即将撞向自己的汽车而感到恐惧。但一个人会不会嫉妒他人，又因为看到什么而嫉妒他人，就完全是因人而异的事情。我们生活中多少会遇到过一些人几乎不会产生嫉妒的情绪，但也有一些人完全见不得别人好，不管别人有点什么，甚至别人有的东西对他来说可能都不是自己需要的东西，但只是因为别人有而他没有，他就会妒火中烧。这可能跟当事人的成长经历、人格、当时的处境、当时的心态等，都有千丝万缕的联系。因此在复杂情绪上，不仅人和动物不完全相通，人和人之间可能也不能完全相通。即使情绪感觉类似，但对情绪的理解、使用和表达也充满了个性化的差异。

复杂情绪的复杂之处还不限于此。有时候，复杂情绪会混合多种情绪，比如，悲愤包含着悲伤和愤怒，惊恐包含着惊讶和恐惧，情绪复合起来，就产生了千变万化的人生体验。不仅如此，有时候一个人所感觉到的情绪甚至可能不是他心底真正最强烈的情绪。其中最典型的就是焦虑情绪。严格意义上来说，它是我们后天习得的一种压力反应,也就是当我们不能去除长期存在的威胁时,采取的应对压力的一种持久战方式,它有一定的生理基础,但受到环境因素和个人教养的影响。有些时候当事人感到焦虑,可实际的情绪不一定真的是焦虑。比如,当一个人有至亲过世,却因为认定自己不可以软弱或者没有时间条件,导致其没能好好地哀悼自己的亲人,就会产生一种被称为"复杂性哀伤"的情况。这时,当事人可能表现为非常焦虑、烦躁,但他心底里的实际情绪是深深的悲伤和无力。在这种情况下,焦虑只是一种掩蔽性的情绪,掩盖了当事人不愿意感受的真实情绪。

我们在学习了解和管理自己的情绪时,可以先从比较简单的基本情绪开始,这些情绪最容易被观察到,干预方式也相对清晰。然后我们可以进一步了解复杂情绪,有了处理基本情绪的基础,也就能更容易地掌握更加复杂的人类情绪体验。

初级情绪 VS 次级情绪

如果说基本情绪和复杂情绪是按照情绪的"原始—复杂程度"进行分类,那么初级情绪和次级情绪则是按照情绪发生的先后顺序进行划分。当然,先后顺序的背后还有一些更深层次的含义。

所谓初级情绪,就是我们在面对外部刺激时产生的第一个情绪,比如,我们突然看到办公桌上有一条蛇的恐惧情绪,或者得知亲人意外过世时的悲伤情绪。这种情绪反应通常是瞬间发生的,基本不受当事人控制,在当事人意识到之前就已经发生了。这是由于情绪的发生是在外部刺激传入神经系统、神经电信号到达大脑中的边缘系统时,就直接激发的。这是一个非常迅速的神经通路,一种生物本能。如果我们想要觉察到情绪的发生,甚至判断一个事物值不值得害怕,那么就需要神经电信号从边缘系统再传入大脑中的额叶,然后才能进行判断,也就是我们才能意识到自己可能已经产生了什么情绪。因此,经常有人抱怨自己的情绪来得太快,这其实是有生理基础的。

由于初级情绪的发生是瞬时的,绝大多数人几乎不可能关停它,也就意味着初级情绪是不能避免的,我们只能接纳它。我们只能接纳自己在面对外界刺激时,不可避免地会出现条件反射式的情绪反应。当然,这并不意味着我们就不能改善和驾驭自己的情绪,绝大多数情绪管理的真正对象就是次级情绪。

次级情绪是我们在出现初级情绪后,信息传入额叶,我们根据自己过去的经历和习惯,对当时的状况和自己的反应进行再解释后所激发的情绪。大家可能都看到过类似这种啼笑皆非的新闻——闯红灯的电动车车主被交警抓住后,车主突然大哭起来,然后开始痛诉自己人生的种种不易。一般我们违反交规被抓了,第一反应,也就是我们的初级情绪多数是惊吓、害怕,肯定不会是悲伤。而在这个例子里的这种悲伤情绪实际上是一种次级情绪,它不是针对"被警察抓到"这件事情的反应,而是被警察抓到后回过神来,看到自己的境况,又回想起自己之前多么不容易,思前想后，悲从中来，结果就哭了。

并且很有意思的是，通常我们能观察到的以及当事人事后能够记得的大多是次级情绪。很多情况下，初级情绪其实是转瞬即逝的，只要它能够按照一般情绪起伏的过程自然发生，又自然消失，那么它几乎不会造成什么个人困扰。

如果一个人对某种情绪的反应过程形成了习惯，彻底忘记了自己的初级情绪，只把次级情绪当成理所应当的反应，就可能会造成问题。这种情况在原生家庭所造成的情绪反应模式中最为明显。比如，大多数人都会因为做错题而感到沮丧。如果一个人从小时候开始，只要一做错题父母就拳脚相加，那么到后来，他看到错题的时候可能就不再会意识到沮丧的初级情绪，而直接反应父母会因此揍他，然后产生恐惧情绪。甚至到后来，他可能连"父母会揍我"这件事情都想不起来，只要看到错题就感到恐惧，完全无法再去理解"做错题不可怕"这件事情。情况更严重的话，他可能在看到别人答错了题或做错了事没有感到恐惧而因此产生迷惑，因为他以为这是个必然的情绪反应。

然而，所有次级情绪反应都不是必然的，它们几乎永远是我们头脑加工的产物，跟我们的先天气质、成长经历、原生家庭息息相关。在这个例子中，我并不是想暗示我们要为自己的情绪困扰责怪父母，只是为了说明每个人的惯性次级情绪反应，都有其形成的原因。并且，既然次级情绪没有必然性，而是后天形成的，也就意味着我们可以调整它、改善它，让它向着对我们更有帮助，能使我们与周围环境更融洽的方向发展。甚至有些人可以最终完全放下某些习惯性次级情绪反应，并因此彻底摆脱它的困扰。

　　讨论完了情绪的基本分类，接下来我们一个个地认识了解一下各种情绪。我会先从基本情绪开始，然后再扩展到复杂情绪。在每种情绪的讨论中，我都会具体描述情绪的主观体验，以及和它相关的一系列情绪的大体表现，这是为了帮助读者更全面地了解每一种情绪，并且在未来能够更好地觉察它们，以便应对。我们也会谈到每种情绪的作用，以及功能不良时可能造成的问题。我们还会列出常见的应对特定情绪的方式，让读者判断自己的情绪状况是否健康，应对方式是否正确，以及有哪些方面需要调整。对于更加复杂的情绪困扰的调节和管理，我们会在之后的章节中展开。

2.2
悲伤

认识悲伤

我们第一个要了解的情绪是悲伤。悲伤通常是我们在无助或失去某些事物时体验到的情绪。也就是当我们的大脑认为我们失去了什么、做不到什么,但是又感到没有办法的时候体验到的情绪。他人的拒绝,重要关系的结束,失去所爱的人或东西,原本的期望落空,或者主观上体验的各种自我丧失(比如,不再年轻、失去荣耀的身份等),都可以导致人的悲伤情绪。

当人体验到悲伤时,整个身体的体温都会下降,因此人可能感觉更冷,并且有一种与周围环境的温差感、隔离感。正如很多人描述的,当他们在大街上感到悲伤时,会感觉到周围的人熙熙攘攘,而自己却像处在一个与世隔绝的孤岛上。无助的体验同时也会带来身体各方面的不适，当事人会感觉情绪低落、垂头丧气，像是霜打的茄子，提不起精神。这时候人冒出的念头，基本上也是负面的，比如，觉得什么事情都没戏了，世界没意义了，感觉心碎了。根据具体情况，有时还会随之出现遗憾、后悔、埋怨等情绪。如果强制压抑悲伤的感觉，则可能带来躯体疼痛，最为常见的是胸口痛和头痛，有时候也会出现不明原因的肌肉肿胀和酸痛。

我们日常生活中出现的许多情绪，实际上都属于悲伤的范围内，只是处于悲伤谱系的不同程度位置，或者除悲伤之外还掺杂了其他一些成分，接下来为大家列举几个：

- 失落：微小的悲伤。当事人可能感觉心里有些空落落的，有些遗憾，有些无奈，叹气是最常见的表现。
- 伤感：进一步的悲伤，当事人感觉陷入一种悲伤的氛围中，周围的事物好似都变成了蓝色。感情丰富的人可能会有一些想哭的感觉，但极少有人会真的哭出来。
- 悲伤：更加明确的悲伤，会出现典型的身体反应，比如鼻子酸、嗓子哽咽、声音颤抖、身体虚弱，感觉需要支持和温暖。在周围环境允许的情况下，悲伤情绪可能会通过流泪发泄出来。
- 悲痛：强烈的悲伤，身体全面的悲伤反应，并且会进一步升级到难以抑制的程度。在这种情况下，大多数人都会哭出来，胸口撕心裂肺的感觉会非常明显——这可能也是撕心裂肺这个词的来源。强制压抑时，情绪痛苦有时会转化为纯粹的生理痛苦，因此长期压抑悲痛的情绪容易导致心脏问题，也就是从心理上的心痛转化成了生理上的心痛。

- 绝望：作为悲伤谱系的极值，绝望是一种出离悲伤的体验，这通常是在社会支持彻底失效的情况下才会发生的情况。当事人感觉哭已经没有必要了，悲伤根本没有意义，自己也没什么意义，情绪逐渐陷入麻木，有时会感觉不到情绪，事实上是已经被悲伤"淹没到海底"了。

悲伤的作用

从进化角度来说，悲伤具有社会参与、社会联结的功能，也就是帮助我们与他人更加紧密地联结起来，使每个个体在遇到困难的时候获得更多的支持，通过人与人之间的相互帮助，提高每个个体乃至种群的延续性。毕竟单打独斗总是不如团结起来的力量大，而悲伤、哭泣正是一种人类典型的社会求救信号。当一个人表现出悲伤，就是一种无言的社会信号：我感到痛苦、遇到了困难，请快来帮忙。这时，具有情绪功能、社会能力，有同情心的其他个体就会来帮助、支持这个人，与对方共渡难关。

正因如此，在社交中，一个人能够表现出悲伤情绪其实相当重要。如果一个人不允许自己体验悲伤，或者在悲伤的时候表达不出来，别人就没办法感受到他的痛苦，也不知道这个人什么时候需要帮助，以及如何去帮助他。缺少悲伤表现会导致个体在心理和社会上的孤立。比如，当一个社会不允许男性悲伤和哭泣时，实际上也就把男性普遍地置于更孤立的位置。在现代社会中，男性的自杀率较女性更高，部分就是由此导致。因为自杀不仅与情绪痛苦有关，还与社会联系和支持有关，对人类这样的社会动物而言，再大的痛苦同舟共济也可能渡过；而即使是一般的痛苦，如果当事人处于孤立无援的状态下，也可能会因彻底绝望而放弃努力。

另外，悲伤情绪还具有生理清理和心理净化的作用。当我们哭泣时，确实有一部分压力激素会随着眼泪流出去。不仅如此，动情地哭泣还会让大脑分泌脑啡肽和催产素，而这些都会帮助我们平复心绪，这就是为什么我们在大哭一场之后，经常会感觉放松了不少。这些物质只有在真正悲伤哭泣时才会分泌，如果只是机械性地哭泣，比如用洋葱气味刺激哭泣，是起不到这样的作用的。

悲伤还可以帮我们意识到什么是对自己最重要的。通常当我们感到悲伤时，是由于我们判断自己失去了什么，因此悲伤情绪可以洗刷世间的凡尘，让我们看到自己内心最重视的事物，帮助我们回到人生一些永恒的主题上，比如爱、苦难、同情和希望。因此，能够体会到悲伤的人，通常也可以借由悲伤产生对自己和他人生命更深刻的理解和接纳，这也就是"慈悲"中为何会包含"悲"的原因——它指向对人类苦难的深刻理解，而这种理解正是从体验悲伤开始的。

小知识：悲伤 VS 抑郁

悲伤与抑郁是两种彼此有所关联、经常被外人混淆，但又有许多不同的情绪。通常人们会认为抑郁的人是因为觉得悲伤，这可能与处于抑郁情绪中的人的表现通常是情绪低落，而且不少抑郁的人确实会哭有关。实际上，悲伤与抑郁有许多不同。首先悲伤可以是一种初级情绪，而抑郁几乎永远是一种次级情绪，没有什么人对事件的第一反应会是抑郁，抑郁总是一系列思维、反思的结果。我们可以很清楚悲伤的原因，但抑郁久了，可能就会弄不清楚抑郁的原因。并且悲伤是一种相对单纯的情绪，其伤感、丧失感的特质是一样的，不同的悲伤很大程度上只是情绪的强度不同而已。但抑郁是一种复杂情绪，通常悲伤只占其中很小一部分，除此之外可能还有大量的自责、空虚、寂寞、麻木，以及单纯的大脑一片空白。可以说悲伤是蓝色的，而抑郁是灰色，甚至彻底失色的。打个比方来说，悲伤具有水的流动性，不同悲伤之间的差别是溪流和巨浪，而抑郁则是一个秤砣。

悲伤和抑郁的调节方式也有很大不同，我们前面提到过，很多悲伤的人会哭泣，哭泣会让悲伤的人感觉得到释放、情绪放松。但哭泣不能让抑郁的人感到更好，因为很多时候抑郁的本质并不是悲伤，而是其他情绪。其他情绪的宣泄方式可能并不是哭泣，所以哭泣对抑郁情绪的缓解作用不会太明显。因此，抑郁情绪的调节要比悲伤情绪的调节更加复杂。

常见的悲伤相关问题

在悲伤和抑郁的差异的基础上，我们应该可以推断出，抑郁本质上并非一个悲伤问题，和悲伤关系最紧密的情绪问题也不是抑郁症，而是复杂性哀伤。复杂性哀伤就是当一个人经历重大丧失（尤其是丧亲、失独等）后，长期难以接受这种丧失，甚至可能长期压抑自己的悲伤情绪，难以面对或者不愿面对残酷的现实，最终导致的复杂的心理问题。当事人有可能会整日聚焦自己的丧失，也有可能会倾尽全力回避丧失，实际上，在这两种情况下，当事人的生活仍旧完全围绕丧失展开，情绪上或主观感到压抑、麻木、抽离，或者极端易怒，每天抱怨不断。在这些情绪的背后，是当事人内心持续的强烈悲伤和哀痛，并且因为害怕失去，这些人经常难以再次投入新的关系，难以信任别人，也难以信任自己。

另外，长期沉溺于悲伤也是情绪问题的一种表现，尤其是在当事人没有什么重大损失的情况下。但这种情绪问题的本质通常不是悲伤，甚至可以说悲伤在这里根本不是问题，而是问题的解决。这种表现通常意味着当事人有某些他不愿面对的情况，通过长期沉溺于悲伤，让自己处于纤弱无力的位置上，当事人就可以不去面对自己原本需要面对的问题。要想解决这类问题，通常需要当事人尝试理解、面对自己回避的事物，一旦当事人为自己的生命负起责任，迈出改变的一步，悲伤情绪就会自行烟消云散了。

应对悲伤

不健康的悲伤调节方式：

- 否认：在需要处理紧急情况时，暂时否认负面情绪确实是有帮助的，但如果长期否认，则是一种非常糟糕的应对方式。当事人可能把这当成一种冷静、理性的表现，但这其实只是难以面对、处理情绪的结果，并且会造成进一步的身心问题。

- 积极化：对于一些不太重大的事情，积极化确实可以让人们转移注意力，避免过度关注负面体验。但对于真正令人悲伤的事情，积极化只能推迟悲伤情绪表达出来的时间，并不能真正缓解和释放悲伤。

- 压抑：憋着也是人们常用的一种应对手段，尤其男性特别习惯使用。作为一种情绪，单纯压抑并不能够改善它，反而可能导致它以其他方式发泄出来，比如当事人可能变得易怒，也可能开始觉得生活失去意义。

健康的悲伤调节方式：

- 适当哭泣：哭泣是人体最主要也最自然的表达和调节悲伤的方式。因此当我们察觉到自己的悲伤情绪时，在有条件的情况下，尽量允许它自然地流露出来，通过眼泪将内心的不快发泄出去。

- 找人倾诉：并不是每种情绪都可以通过倾诉"解决问题"，但悲伤情绪的"解决方案"中，最主要的确实是倾诉。悲伤的社会功能本来就是寻求他人的共情和支持，我们需要允许它完成这个功能。跟我们熟悉的人分享自己的伤心事，给他们机会支持自己，同时也给自己一个出口。当我们向别人倾诉时，可能会发现自己并不像想象的那么孤独。
- 抱有希望：悲伤和丧失是每个人都会经历的人生体验，而悲伤和丧失也自然会成为过去。但这并不意味着我们在哭泣的时候要给自己讲道理，告诉自己没必要哭，反正以后就不会这么在意；而是告诉我们，即使哭泣、哀伤，我们也不应该因此对人生下一个负面结论，而是允许生命在未来向我们展示新的不同的景象。

面对他人的悲伤：

- 倾听：尽量倾听对方的感受，不要急于给对方解决方案，因为正如前文所说，倾诉本身就是悲伤的解决方案。有很多问题解决不了，也不一定需要解决，人们更多时候需要的只是一个出口、一个空间、一点陪伴。
- 共情：同理心对悲伤情绪的缓解有至关重要的作用，反馈对方的情绪，告诉对方你能理解他，甚至你可能也有相同的经历。在这里需要注意的是不要大谈自己的故事，把注意力转移到自己身上。

- 提供帮助：如果你确实能够帮对方解决一些问题，那么可以在力所能及的范围内给对方提供帮助。这不是必须的，如果帮不上或者确实不愿意帮，你也不需要感觉对对方有亏欠。如果刚好能够也有意愿提供帮助，相信你们彼此将来再回想起时，都会为这段经历感到高兴。

2.3 愤怒

认识愤怒

聊完了悲伤,让我们来聊一聊愤怒。相比悲伤,愤怒是更加原始的情绪。从进化角度来说,大概到哺乳动物和鸟类的阶段,才出现了悲伤这样的亲社会情绪,而早在两栖动物和爬行动物阶段,就已经具备愤怒和恐惧这两种情绪的生理基础了。

作为更加古老的情绪,愤怒的反应回路深植于我们的神经系统中,只要意识范围内出现任何在·瞬间被识别为威胁、侵犯的刺激,就可能立刻激起我们的愤怒。其中既包括具体的威胁,也包括形而上的威胁。我们可以因为有人故意踩了我们的脚,或者当面辱骂我们而感到愤怒,也可能因为有人取代了我们的地位,潜在地削弱了我们的权力而感到愤怒。甚至对于有些人来说,仅仅是在工作或娱乐时有人打断了他们,都能让他们火冒三丈——他们可能感到自己的"控制感"受到了威胁,或者自己的"时间"被侵犯了。总之,只要认知中出现了类似"侵害了我"的评估,大多数人的愤怒就可以在转瞬间被点燃,唯一不同的是引燃到什么程度,以及会持续多久的问题。

因为是类似火焰点燃般的反应,绝大多数人在感觉到愤怒时,都会觉得上半身像火烧一样,心跳加速、血压升高,有些人甚至感觉头脑里嗡嗡作响,感觉所有血液似乎都流到了脸上。大多数人都注意不到自己愤怒时的身体变化,所有上肢肌肉都紧绷起来,肩膀耸起,手下意识地攥拳,牙关紧咬,不论当事人自己是否真的打算揍对方一拳,至少身体已经做好了战斗的准备。

同时,头脑中的所有念头也会向着"我是对的"的方向倾斜。这在一定程度上有助于人们感到自信,增强战斗时的力量;劣势是,人在愤怒的时候几乎很难理性思考。因为人类更原始、应激的大脑回路已经占据了反应的中心,根本没有多少注意力能够留给真正理性的反应。在愤怒时,大多数自以为的理性实际上都只是对"我是对的"这一命题的循环论证,越愤怒越自以为是,越自以为是就越愤怒。

也许有人会觉得,我这个人脾气可好了,根本就不会跟人生气。其实愤怒这个系列还有其他许多形态和程度的情绪表现,接下来我就为大家列举几个:

● 烦躁:"烦"是最轻微的愤怒,它显示出当事人对自己周围的某个外部刺激感到不喜欢、不满,但还远没有到要对其采取行动的地步。大多数时候当事人选择忽略这些刺激,在忽略不过去的时候,就会产生烦躁的情绪。

- 气恼:进一步的愤怒,这时候当事人会更清晰地意识到自己的不满,可能会感到一些坐立不安,甚至开始觉得周围的其他东西看起来也不如平常那么顺眼。当事人会希望负面刺激尽快消失,即使维持现状,也还勉强过得去。
- 愤怒:更明确的愤怒情绪,会出现愤怒的典型身体反应。如果一个人所在的环境或成长经历不允许他感觉到愤怒,他则可能会感觉到沮丧、悲伤之类的情绪作为遮掩,或者卡在愤怒情绪上——整个人极端愤怒,却又僵在原地动不了。
- 暴怒:俗称的"原地爆炸",表现为一种不管不顾、要跟对方玩命式的愤怒情绪。当事人此时已经沉浸在强烈的愤怒中,根本注意不到除了认定的攻击目标以外的环境和存在,成了愤怒的化身。
- "出离愤怒":英文为 rage,中文经常翻译成狂怒,但并不贴切。真正愤怒到极点的人有时会显得异常冷静,誓要彻底摧毁他所认定的目标。这是人类最为黑暗的情绪之一,也是许多精心谋划的破坏性行动的出发点。

愤怒的作用

愤怒是一种古老的情绪，并且可以带来巨大的破坏性，因此传统文化和现代社会都设置了各种各样的人际规范、社会习俗、法律道德，乃至权力机关来控制和监督它。多数中国人从小在家庭中就开始被教导压制自己的攻击性情绪，所谓"以和为贵"。在日常的工作学习中，人们更是缺少发泄愤怒的合理空间与时间。也许有权力地位的人会拥有更多发飙的特权，但无论如何，人们都不会认为愤怒是好的情绪，而是将其视为一个人失控的表现，或者一种暴力的体现。

但从进化的角度来看，愤怒确实有其卓越的价值，是小到墙上的壁虎，大到海里的虎鲸，包括我们人类自身，都需要仰赖的一种求生本能。简单来说，愤怒情绪是我们人体安保系统的一部分。愤怒导向攻击和破坏，是为了让我们在残酷的生存竞争中，当自己的利益、乃至生命受到侵害时，能突然发挥超过平时百分之百的力量，彻底击倒企图伤害我们的对象，保护族群和我们自身，使我们免受伤害。

一个人如果不能愤怒或者不敢愤怒，就意味着他失去了大自然赋予他的最基本的自我保护功能。这些人中的绝大多数成了到处吃亏的老好人、被霸凌者欺负的受害者。他们不仅没有通过"不得罪人"获得安全，反而遭受了更多的伤害。因为别人感到伤害他们毫无风险代价，所以动起手来也就毫不在乎，甚至可能根本没有注意到自己对这些"老好人"造成的伤害。就像我们走路的时候几乎都不会注意到有没有踩到蚂蚁，因为不论是否踩到，对我们都没有任何影响。如果蚂蚁会咬人，而且踩到就会被咬出脓包，那么估计我们走路的时候就会注意多了。

当然，既然存在完全无法使用愤怒的人，也就存在滥用愤怒的人。我们在前文提过，愤怒情绪的生理反应会全面提升一个人的自信感和力量感。强烈的愤怒会让当事人感到自己无所不能、掌控全局，说的每一句话都完全正确，采取的每一个行动都能摧枯拉朽。对于弱者来说，这种感觉有时令人迷醉。于是，当一个人难以面对现实，难以接受自己能力的有限性，对现实感到厌恶，又对自己的软弱无能为力时，他可能就会诉诸愤怒来维持控制感和力量感的幻觉。这些人面对强者极度胆怯，但在弱者和安全的人面前，则会肆无忌惮地发泄愤怒。周围的人未必真的做了什么令他愤怒的事情，他只是把对方作为一个发泄愤怒的着力点，以便可以继续保持自己虚假的力量感。

常见的愤怒相关问题

在未成年人身上，绝大多数愤怒问题会被称为"冲动控制"问题，也就是一个人控制不了自己的攻击性、破坏性冲动。由于少年儿童的大脑结构本身还未发育完善，在做出情绪反应的时候就会更依赖本能、缺乏调节。如果这时出现的冲动情绪是恐惧，它大多只会给当事人造成困扰；如果出现的冲动情绪是愤怒，就可以让周围所有的人吃不了兜着走。很多少儿神经和心理问题都会以冲动控制问题作为表征，比如多动症、自闭症、品行障碍、间歇性暴怒障碍等等。大脑发育未完成所造成的愤怒问题通常到成人期会逐渐自行消失，但也有一些问题会延续到成年。

在成人的心理世界中，愤怒很少独立成为问题。强烈、持续的愤怒情绪通常是一整套情绪或人格问题的高亮点，并且指向当事人内心难以面对的、更深的痛苦模式。少数青少年品行障碍可能会逐渐发展成反社会人格障碍，而自恋型人格障碍、边缘型人格障碍等多种人格障碍也都会表现出明确的攻击性问题。他们稍不如意就容易与别人发生冲突，但这并不单纯是因为他们的情绪失控，而是他们的整个"威胁""侵犯"评估系统彻底失实，导致他们可能会针对本没有恶意的人死命乱咬。同时，由于社会对男性愤怒情绪的接受度比较高，男性的很多心理情绪问题也都可能表现为"易怒"，比如抑郁、焦虑、成瘾、心理创伤。因为无法接受自己的恐惧或悲伤，这些人只好用愤怒掩盖一切。他们的愤怒就好似一只受了伤的狼，一被他人触碰到伤口，就会一口咬上去。

应对愤怒

不健康的愤怒调节方式：

- 胡乱发泄：最常见的愤怒调节方式之一，简单来说就是不自己调节，把问题推给周围的人，虽然口头说自己完全控制不住，但绝大多数情况下，当事人都是在拣软柿子捏。发泄后，虽然感觉很爽快，但人际代价巨大。尤其是在亲近的人身上，这种代价经常一时看不出，但最终会导致关系的恶化和破裂。
- 强行压抑：忍气吞声也是中国人的常见思路，俗称"忍一时风平浪静，退一步海阔天空"。如果心里对引起愤怒的事件确实不在乎，那么这样的方式还算派得上用场，但对更多人来说，单纯的隐忍只是把风平浪静留给别人，自己心里则是翻江倒海。
- 讲大道理："不应该愤怒""愤怒也没有用"这样的空谈在情绪面前几乎没有作用。而且愤怒是一种相对强烈的外放型情绪，情绪上来的时候本来就很难理性思考，这时跟自己讲道理很容易演变成在内心跟自己对掐的场面，不仅难以平复情绪，反而可能会令自己更加愤愤不平。

健康的愤怒调节方式：
- 适当发泄：选择安全恰当的方式发泄情绪对缓解愤怒有一定帮助。体育运动和艺术表达都是良好的选项，和观点类似的朋友吐槽有时也有缓解的效果。
- 主动沟通：相比等到憋不住的时候再大发雷霆，当内心有一些不满时就主动和周围人沟通协商是更好的解决方式。很多问题在一开始是有调整的余地的，但等到最后一秒、别人都以为你不在乎时再发作，通常除了搞砸关系不会有其他的结果。

- 积极行动：愤怒原本导向攻击性的行为，但我们并不能随意攻击他人，如果将这股能量用到其他的行动中，也许可以起到建设性的效果。研究显示在刚生气的时候，人的创造性会大幅提升，这可能是我们愤怒时总能编出说服自己继续生气的理由的主要原因。如果把这种创造性和行动力运用到下定决心、制订自我发展的行动计划并实施上，可能会有更好的效果。

面对他人的愤怒：

- 保持冷静：尽你所能保持冷静，不要跟愤怒的人一起生气，必要时可以把对方想象成番茄或土豆，或者把注意力转移到自己的身体上。不要过于在意对方说的内容，并因自己仍能一定程度上保持冷静，而在心里给自己点赞。
- 承认愤怒：表示你看到他们的愤怒，并允许他们感觉到愤怒，这通常会让对方的怒气下降。这并不意味着你认同他们的愤怒，而只是尊重他们有权拥有自己的情绪，并且这个情绪并不一定是你喜欢的。
- 尝试理解：尝试理解对方愤怒的原因，同样，这并不意味着你认同他们的观点，或者要进行妥协，只是代表你愿意听他们把自己的观点说完。有些人提高音量只是为了让对方听自己说话，这时你的倾听和尝试理解就可以很好地缓和对方的愤怒情绪。

● 离开现场：逃避并不可耻，而且有用。如果对方只不过是在胡乱发泄、无理取闹，尤其是当对方破坏力很强时，尽量避开是正确的选择。没有人有义务要承受他人的情绪，你也一样。

2.4
恐惧

认识恐惧

恐惧与愤怒是相对应的情绪。从生理角度来说,恐惧和愤怒都会激活交感神经,刺激肾上腺素分泌,这会令我们心跳加速、血压升高、肌肉紧张、呼吸加快,做好立刻做出反应的准备。所以从身体反应上来说,恐惧和愤怒的基本面是极度相似的,它们都是人体面对威胁时所做出的即刻反应。

但在实际体验中,我们知道两者又是极其不同的。当愤怒的时候,我们感觉自己能"毁灭世界";而恐惧的时候,我们感觉"世界能轻易抹杀自己"。纯粹的恐惧是愤怒的反向情绪。面对同样的威胁,当我们主观感觉自己能够战胜对方时,就会产生愤怒情绪;而当我们主观感觉无法战胜对方时,就会产生恐惧情绪。

愤怒令我们趋近对方，我们感到双手充满力量，想要一拳打上去；而恐惧催促我们远离对方，我们心跳过速，却感到双手完全无力，只想逃跑。

一个简单的判断恐惧情绪是否存在的方式，是观察身体姿态。如果一个人始终处于一种后撤的体式中，比如跟人说着话的时候，总是想往后坐，拼命往椅背靠，或者身体企图偏开中线，不跟对方产生正面接触，那就可能暗示着有某种潜在的恐惧情绪。

在自然界，恐惧大多是一种相对短暂的情绪状态，当人类面对生命威胁时，如果快速成功地逃离，那么恐惧感就会消失；如果被干掉，那么机体本身就会死亡。无论哪一种，恐惧本身都会消失。但现代人所面临的威胁更加普遍、复杂、长期，它们可能都不会立刻危及生命，但人们也无法马上解决，甚至从头到尾都解决不了。比如，公司长期存在的末尾淘汰制；悬在学生头顶数年的"高考之剑"；虽然身患绝症，但由于现代医学昌明，患者可能还可以存活数年，可死亡的威胁依旧存在。

当然，恐惧和愤怒也可以互相转化，因为它们的生理基础是如此相近，在有些情况下，一个转念就可以将恐惧化为愤怒。所谓恐惧到了极点就是愤怒，因为实在怕得不行了，反而可能会觉得不如跟对方拼命，也就是所谓的"兔子急了也会咬人"。同时，习惯恐惧的人通常也更易怒，很多事情都可能被他们看作威胁，来自他人的微小的刺激都可能被他们当成天大的问题，并因此而感到不满。

恐惧同样也有不同的程度，通常来说，相比其他情绪而言，我们对恐惧更敏感，更容易有所觉察。这也是人的求生本能使然。

- 不安：最轻微的恐惧是一种隐隐的不安，或者说心里有"不踏实"的感觉。此时可能并没有什么明确的具体威胁，但我们感到事情不如自己期待的稳妥，因此总是希望可以从他人那里获得某种肯定的信号。

- 紧张：紧张是身体开始明确为威胁做准备的生理表现。我们紧张时，全身都会感到某种压力感，并且思维和反应也会变快。紧张本身并不一定负面，适当的紧张可以让我们更专注、表现更好。只有当紧张造成我们无法集中注意力、无法思考、无法投入眼前的任务中时，才需要处理。

- 恐惧：最常见的恐惧反应，根据当事人害怕的东西而产生，在走到高处、看到"小强"、遇见班主任、上台演讲的时候都可能发生。这样的恐惧通常不会持久，因为恐惧会使我们立刻逃离现场。长期的恐惧多会逐渐转化为慢性焦虑或其他能够长时间存在的负面情绪。

- 惊恐：突发的强烈恐惧情绪，当事人会感到突然被恐惧击中，难以自拔，甚至心动过速，难以呼吸，产生濒死感。如果周围没有突然、严重的威胁存在，则通常是由于焦虑或恐惧感的长期累积带来的突然爆发，其本质类似高压锅突然漏气的情况，压抑的恐惧感突然喷薄而出，打得人措手不及。

- 惊骇：一个人被彻底吓呆的表现，当事人会呆若木鸡，大脑一片空白，就像突然"断片"了一样。对现代人来说，这种情况不常发生，但在遭遇天灾人祸等破坏性极强的事件时，还是会出现这种表现。

小知识：创伤性的恐惧

在极端恐惧的情况下，人会陷入一种呆若木鸡的状态。这通常发生在一个人在体验到某种"死亡威胁"的情况下，这种威胁可以是肢体上的人身攻击，比如突然被人一刀捅过来；也可以是"社会性死亡威胁"，比如在公开场合被自己最信任的人羞辱。当感受到"死亡威胁"的时候，当事人会全身僵直，意识一片空白，感知迟钝，甚至产生某种灵魂抽离的感觉。在创伤心理学里，这被称为"僵化"或"冻结"（freeze）。当事人会感觉自己像冰雕一样，周围的一切都离自己越来越远，甚至有时候感觉身体好像都不再是自己的了。

如果一个人持续遭到主观体验上的"死亡威胁"，比如在成长经历中被父母长期打骂，或者在家庭中长期被伴侣家暴，尤其是当这些威胁是随机、不可预期的时候，那么他会形成"恐惧的习惯"。由于身体过于频繁地体验恐惧，长期为即将到来的威胁做准备，并且没有逃离危险的渠道，那么身体就会逐渐将恐惧的生理状态作为新的基线。在这种情况下，即使周围没有危险，当事人也会处于恐惧的身心状态，随便遇到点事情，就觉得自己要完蛋了，周围有点风吹草动，就怀疑要大难临头了。身体长期处于紧张状态下，会带来一系列身心问题，比如失眠、头疼、心律不齐、消化不良。并且当有外界刺激时，当事人也更容易焦虑紧张，可能述一次职就灵魂离体，讲一次话就大汗淋漓。

恐惧的作用

相比其他更加复杂的情绪，恐惧的作用是显而易见的。它的主要目的就是让我们逃离危险，获得安全。因此，恐惧激发的行为也只有一种，就是回避行为。不论我们面对的目标是什么，我们都会尽一切可能拉开彼此之间的距离，向反方向快速逃离。这种逃离包括直接的身体逃跑，也包括情绪隔离、思维飘远等一系列心理操作。面对难以物理逃离的危险，我们可能会故意胡思乱想、东拉西扯，或者假装跟自己没有关系，这些都是建立心理屏障的方式，本质都是为了远离威胁。

当然，恐惧情绪同样也具有社交意义，它的作用在于通知他人存在威胁，寻求他人的帮助。所有恐惧的情绪表达都指向通知和获救。我们奔跑、尖叫，是为了引起周围同类的注意，让他们来帮助自己，或者大家一起逃跑。如果我们周围有一个人突然尖叫，我们几乎会条件反射地转头看向声音的来处，甚至可能会突然忘记刚才在说什么，因为我们的整个注意力都已经自动转移到了"发现和处理威胁"这个任务上。即使那个人只是露出不安的神色，也能直接抓住我们的注意力，对方恐惧的情绪会直接传递给我们。即使不说话，彼此之间也已经完成了一次情绪的沟通，共同确认了存在危险的可能性，并可能在必要时接下来一起行动。

常见的恐惧相关问题

几乎每个人都有一些自己害怕的东西,恐高、恐蛇、怕虫子、怕血、幽闭恐惧、广场恐惧、演讲恐惧、社交恐惧(实际上更多的情绪是焦虑)等等。因此如果你有自己很害怕的一些事情,这并不意味着你有什么重大的心理问题。你很可能只是有某些不愉快的经历,比如被狗咬过,或者继承了祖先的一些反应模式,比如虫子一般有毒,所以不要去碰。绝大多数这类恐惧问题只要不影响正常生活,就不需要干预。大多数真正困扰普通人的问题是焦虑问题,也就是长期难以解决的恐惧,或者压抑恐惧带来的麻烦,这方面我们在之后会讲到。

如果恐惧本身确实给你或者周围的人造成很大的问题,那么这通常属于需要临床专业人员干预的范围了。比如,惊恐障碍,也就是一个人会好好待着就突然受惊,感觉自己"要死了";或者被害妄想,即一个人总是害怕别人要算计他、害死他,因此惶惶不可终日,甚至企图"先下手为强"。这些可能都是更深层的心理或生理问题的症状表现,因此有必要到医院进行排查。

应对恐惧

不健康的恐惧调节方式:

● 胡思乱想:当人们恐惧时,最容易胡思乱想,但真实的威胁极少能通过想象来解决。并且当人们恐惧时，小小的风险看起来也会像是危险性极大。恐惧的念头经常会在脑内发酵，而当一个人深陷恐惧的念头时，他反而容易忽视周围发生的实际情况，不能很好地应对实际的威胁。
- 否认恐惧：装傻、逞能，表示自己完全不害怕，是另一种不良应对方式。相比胡思乱想，这种方式更加危险。忽略求生本能会让人们在生存竞争中处于极其不利的位置，简单来说就是，会更容易受到伤害。

健康的恐惧调节方式：
- 积极解决：把注意力放在自己是否可以做什么来解决问题上，而不是放在事件有多可怕、可能造成怎样的负面后果上。主动采取行动避免或减少威胁，多做准备，到现场自然就不会那么害怕。比如，如果害怕考试就尽快复习，如果害怕出事故就认真开车。把注意力放在具体的事务上，而非脑子里的思绪上。
- 远离危险：对于明确将要遭遇的威胁，不要好面子，立刻离场，或者拒绝参与活动。恐惧是一种重要的求生信号，保护生命安全比任何面子都来得更重要。不要为了怕下不来台就去做危险的事，"认怂"在很多时候是比逞强聪明得多的选择。做个聪明人。
- 主动求助：恐惧有时候意味着我们个人的能力不足以面对

即将到来的威胁,这时候主动寻求他人的帮助是一种积极、有勇气的应对方式。即使最终没能获得有效帮助,也可能会遇到跟自己处于同样困境的人,可以抱团取暖。

面对他人的恐惧:
- 肢体接触:原始的恐惧需要用原始的方法来安抚。坐在对方旁边,在关系允许的情况下拉着对方的手,拥抱他,拍拍他的脊背和肩膀,亲吻他的额头和脸颊,用温暖的接触让对方的神经系统安定下来,肢体接触是最为直接的方式。
- 情绪安抚:温和地倾听对方,以肯定的态度告诉对方实际的情况,但避免讲道理或争论。即使对方确实难以相信,也不要嘲笑或抛弃对方。理解每个人都会有自己过不去的坎,你要做的不是改变对方的想法,而是告诉对方你在他身边,并且你并不害怕。
- 具体指导:如果对方处于胡思乱想的状态下,那么给对方一些具体的事情去做。这些事情不一定能立刻解决问题,但能够起到一定的缓解作用,比如收拾办公桌、整理文件。这些具体、直接的事情一方面可以转移对方的注意力,另一方面也可以让对方感到,自己还有一些能够做的事情,增加控制感。

2.5 厌恶

认识厌恶

厌恶在情绪图谱中的位置比较独特。有一些模型理论认为厌恶并不属于基本情绪，而是后天习得的、更加复杂的社会性情绪，但也有一些模型理论认为厌恶是一种基本情绪，因为它具有非常明确的生理特征和情绪表达，并且这些反应具有跨文化的一致性。

如果说恐惧情绪的背后通常包含着某种"致命"的判断，那么厌恶情绪背后的判断则是"有毒""致病"。长了霉的食物、沾着不明黏液的布料、感染溃烂的机体组织、泛着恶臭的垃圾，任何肮脏不洁的事物都可以让我们感觉到厌恶。事实上，我猜测读者在阅读刚才的描述时，可能已经隐隐感觉到了自己的厌恶情绪。

人能够察觉到的身体厌恶感主要反应在喉咙和胃部,最直接的身体感觉是恶心和反胃,严重的还可能会产生胃部的抽搐和痉挛。当感觉吃了不干净的东西时,人体会激发呕吐反应,排出有毒物质。如果令人感到厌恶的事物还没有被摄入,人则会皱起鼻子,把身体侧开,如果可能的话,会用双手将对方推开。同时,人的血压和心率都会下降,连皮肤电传导都会下降。整个身体似乎在想尽一切方法减少跟外界的接触,以避免吸收任何有毒物质。

在社会环境和文化教育的影响下,这种厌恶的反应还可以进一步延伸到更加抽象的概念和意象上。比如,成长经历中受到过对性的污名化教育的人,想到性行为可能就会感到恶心,并因此给成年后的正常性行为造成阻碍。人也会产生道德厌恶感,也就是对于社会不认可的撒谎、偷窃、杀戮等行为产生厌恶,这时候人们会对有这些行为的人避而远之,这是一种在社会意义上保持自己健康的方式。厌恶的情绪也有很多种,诸如:

- 嫌弃:轻微的厌恶,表示当事人不喜欢某个事物到想要把它扔掉,态度里经常还带着某种鄙夷。但这通常不造成更强烈的情绪反应,当事人往往只是哼两声,或者咦一声,就把事情抛诸脑后了。
- 厌烦:强度高一些的厌恶,这时意识到刺激对象会令当事人感到烦躁,犹如芒刺在背,但并非因为恐惧,而是因为对其感到厌烦、恶心。
- 厌恶:典型的厌恶情绪,会出现厌恶的典型身体反应,比如胃部收缩、恶心。并且当事人很有可能主动表达厌恶情绪，或者把厌恶的对象推开。
- 憎恶：大脑判定对方是"有毒"的，避之唯恐不及，感觉对方本身就是个空气污染源，光是看到都觉得好像有毒气会飘过来似的，因此会导致整个身体紧绷、收缩。
- "深恶痛绝"："有他没我，有我没他"，这样势不两立的状况并非愤怒造成，而是厌恶造成的。因为极度厌恶对方，所以绝不要跟对方同处在一个空间，想到对方存在于世界上都感到浑身不舒服。相比攻击，厌恶总是使人想离对方越远越好，因此撇清关系、远走高飞反而是更常采取的行动。

厌恶的作用

厌恶情绪是人体免疫系统的一部分，属于"行为免疫系统"，这一系统通过心理机制驱动人们远离有毒物质和致病的病原体，达到避免机体受到侵害的作用。比如，研究显示，孕妇较容易产生厌恶情绪，部分就是由于为了避免免疫系统攻击胎儿，孕妇的生理免疫系统功能会下降，因此就需要调高行为免疫系统，以保持机体仍然具有足够的免疫保护。正常的厌恶反应可以帮助人们快速远离"有毒"的人、事物、关系和环境，使人们免受外界的负面影响，最大程度上保持身心健康。

但是在现代社会中，厌恶的机制也产生了许多副作用。厌恶情绪几乎是所有歧视和偏见的主要来源。由于人们天然对自己认为"有毒"的东西避之唯恐不及，因此在面对患病、身体有残障，甚至只是跟我们不一样（但我们可能搞不清楚究竟是什么原因造成的不同，因此无法立刻判定"无毒"）的人时，就容易激发厌恶的情绪和反应。不仅如此，当我们在道德或者宗教上对某些行为产生批判时，也会将这些行为以及有这些行为的人看作病原体，从而产生排斥、逃避、深恶痛绝的反应，而忘记了他们也是和我们一样的人。他们的某个行为，或者他们族群中某个人的某个行为，并不能代表一个人或者一个族群的全部。

常见的厌恶相关问题

厌恶情绪既然是免疫系统的一部分，当然也就可能产生过敏和亢进，这时候就会造成问题。研究显示恐血症、焦虑症和强迫症都与厌恶情绪有一定关系。如果人们不得不压抑自己的厌恶情绪，长时间与自己觉得"有毒"的人相处，或者处在"有毒"组织环境中难以离开，就可能发展出一系列肠胃问题和免疫系统问题，比如持续反酸、胃部不适和莫名其妙的过敏。因为身体始终离不开毒源，抵抗、驱离的功能就不会彻底消失，给机体带来很大负担。

厌恶外界还不是最糟的，毕竟我们有远离"有毒"事物这一选项。但如果厌恶的对象是自己，情况就非常严重了。许多饮食障碍患者都对自己和自己的身体有严重的厌恶情绪,这经常是他们在成长经历中遭受的性别偏见和身体歧视的具现化,并最终以厌食症、暴食症的方式表现出来,或者形成体相障碍,对身体某些部分主观以为的"缺陷"耿耿于怀。曾经经历过具有羞辱性质或者被污名化的心理创伤(比如性侵和网暴)的人也容易产生深深的自我厌恶。来自他人的大量针对性的恶意和攻击可能使当事人产生自我怀疑,甚至自我厌恶,而这些自我厌恶又会造成进一步的心理问题,比如抑郁、自残和自杀。

应对厌恶

不健康的厌恶调节方式:

- 压制:与其他情绪一样,单纯地压制厌恶并不会产生任何良好的效果,而且厌恶也不会消失,因此压抑厌恶只是让身心状态持续恶化。
- 抵触:如果是单纯有毒的食物,不要吃就可以了。如果是环境、人或者事物"有毒",那么只靠抵触、逃避来应对,通常并不会有效果,因为抵触本身并不能真正"排除毒物",由于花费了大量精力在厌恶行为上,反而使自己感到更加恶心。

健康的厌恶调节方式:

- 客观评估:判断到底是外界的什么事物或自己内在的什么

原因让自己感到"有毒",并评估"毒"的程度。弄清楚这一点通常能让我们身心感到放松一些,也有利于进一步地解决问题。说不定在评估后,会发现自己的毒物判定是误判。

- 远离毒物:在条件允许的情况下,尽可能主动远离有害的关系、环境和人,而不是期待环境和他人有一天能变成"无毒无公害"的存在。
- 保持爱心:当暂时不能远离有害物质时,尝试对自己的境遇抱有爱心,这会使我们避免其他负面情绪(比如沮丧、抑郁等)带来的更进一步的内心伤害。

面对他人的厌恶:

- 尊重他人:允许他人拥有他们自己的观点,即使你并不认同这些观点。同时,你也有权拥有自己的观点,并非必须认同他人,或者获得他人的认同。
- 划清边界:如果你的所作所为并未给他人带来伤害却遭到厌恶,那么理解他人的观点反映的是他们自身的偏好或偏见,而非你是怎样的人。让"上帝的归上帝,恺撒的归恺撒"。
- 修补错误:如果你的所作所为给他人带来了伤害,并因此导致了他人的厌恶,那么尝试弥补你的错误,但不要期待和逼迫他人获得原谅。把他人的厌恶当作一种后果和代价,记住它以避免以后再犯同样的错误。

2.6 快乐

认识快乐

最后一种基本情绪是快乐，也就是我们常说的开心、高兴。你可能已经发现了，在五种基本情绪中，居然只有一种是我们日常认为的"积极"情绪。如果从这个角度出发，说"人生不如意十之八九"也并非毫无道理。并不是我们身边的事件有百分之八九十都是负面的，而是我们的生理基础非常关注负面事件，并且针对每一种负面事件都分别有相应的、迅速的反应系统。这对于求生而言是必要的。当我们的祖先在野外生存时，对任何一个负面事件的反应不当都可能导致他们当场死亡，因此所有负面事件在人类大脑中都是被高亮处理的。但在现代生活中，有些应激反应则可能是不必要或者过度的，而我们也更需要愉悦的情绪去平衡来自个人生活、媒体和社会的大量负面刺激。

快乐是一种我们都很熟悉的情绪。当我们感到快乐时，整个身体的体温都会上升。我们会感到充满活力，但又很放松，胸腔打开，内心感到充实，面带微笑，对周围的一切都感到满意。即使有些不开心的事，这时候也不太会影响到我们，我们觉得意气风发、心情愉悦。在不同的文化中，人们对快乐有不同的表达，比如，中国人可能比较含蓄，即使高兴也笑不露齿，而美国人则比较夸张，没有多大的事情也会大笑大闹。从根本上来说，快乐都是身体中多巴胺分泌、血清素充足的结果，并且对大多数人来说，快乐是一种享受。下面列出了不同程度的快乐：

- 认可：严格来说，认可并不是一个情绪词，但它可以代表我们认可一件事物时的感受，那种感受就是最基本的快乐。你会发现当我们认可自己或他人时，内心会有一种安定感。我们不抵触眼前的事物，基本接纳它，自然就会感到舒心。
- 轻快：更进一步的快乐带有一种轻盈的成分，我们会感到身体比往常来得轻，脚步也变得轻快。在没有压力的情况下，这实际上是人很容易达到和保持的状态，但在充满压力的现代生活中，这种情况反而比较少见了。
- 高兴：最典型的快乐，几乎没有人会忽视这种感觉，它通常意味着我们与自己喜欢的人或事物相遇了。
- 狂喜：极度快乐的状态，比如，与长久思念的人意外重逢，或者以为身患绝症最后发现是误诊之类的情况下会发生，很多人会喜极而泣。哭泣并非悲伤的专属,任何以社会交流为目的的情绪达到极致都可能会导致哭泣,气哭、吓哭同样也是有可能的。
- 癫狂:常人很难进入这样的状态,通常这种状态都是药物或宗教仪式的产物。在极端状态下,情绪会变得混淆,快乐、愤怒、悲伤、恐惧可能会混作一团,人的表达也会变得混乱而无法辨识。

快乐的作用

所有情绪在进化上都有其作用,快乐也不例外。快乐的本质是一种奖赏体验,身体和头脑通过这种方式告诉我们,什么让它感到舒服,什么对我们的生存有利。凡是被评估为有利的,当我们接触到就会感到快乐,而快乐情绪会驱使我们更多地接触,或者进一步采取行动去达到特定状态、获取特定事物、接近特定的人、去特定的地方。快乐也会提高社会联结,当我们和他人在一起感到快乐时,就会更想要和对方继续维系关系,这使我们变得更愿意融入社会,更愿意和他人相处,形成稳定的社会群体。

当然,作为基本情绪和常见的初级情绪,快乐经常仅仅源于对当下情境的评估。这就导致我们很容易被即时的积极刺激抓住,并因为由之而来的奖赏感,不断重复这些行为,而忘记了评估这些刺激长期的影响和价值。游戏、影视、娱乐场所……整个娱乐业的运营都依赖人们对快乐的即时满足。同时,商家也会标榜自己贩卖的商品能够带来即时满足,并夸大这种满足的价值来促进消费。事实是,快乐对每个人的生活来说都是必要的,但即时的快乐无法成为整个生活的风向标和指导者。因为在快乐之外,还有很多更复杂的积极感受,平静、踏实、幸福、温暖……而这些是我们需要用更多耐心和付出才能培育的。

快乐相关的心理问题

如果说快乐也能造成问题,那么恐怕有人听了都要哭了,我们到底还能不能好了?事实是,任何一种情绪如果达到极端、过度的状态,都可能造成问题,快乐也不例外。双相情感障碍和环性心境障碍都是与快乐情绪有关的心理问题,有这类问题的当事人会出现短期但高度兴奋的心境体验,在这段时间里,当事人会情绪高亢、创造力爆发、做事不计后果,甚至感觉自己无所不能。当情绪的峰值过后,当事人又会陷入漫长、难以自拔的抑郁。严重的抑郁也会让当事人更依恋情绪高亢的时段,甚至不愿意承认那种极度兴奋的情绪状态是病态的,结果给治疗带来很多困难。

成瘾也是与快乐有关的问题。虽然成瘾的背后更多是深刻的压力问题、情绪问题、依恋问题,甚至是灵性问题,但成瘾总是以不计代价地追求短时间的兴奋刺激为表征。不论是打游戏、喝酒、疯狂工作,还是吸毒,只要是确定能给自己带来积极体验的事物，当事人就希望能够永久地让它持续下去。为此他们可以不在乎金钱、不在乎身体、不在乎家人，也不在乎未来，企图用短暂的多巴胺刺激解决生命中的一切问题。其实只是不断麻痹自己，令自己在困境的旋涡中越陷越深。

应对快乐

不健康的调节快乐的方式：

- 贬低快乐：快乐没有用，快乐令人得意忘形，快乐是缺乏危机感、考虑不周，人一开心后面准会倒霉……我听过各种各样"保持自己不快乐"的理由，所有这些理由都能轻易地破坏一次美好体验，成功地将快乐变成恐惧、悲伤、厌恶等不开心的情绪。何必呢？
- 企图永久：这是另一种破坏快乐的典型方式。当你开始纠结如何让这种快乐永不消失时，你就已经为自己买好了一张沮丧的"船票"。没有什么情绪能永久，不论是积极的还是消极的。这意味着坏情绪总有过去的时候，当然好情绪亦然。

健康的调节快乐的方式：

- 享受当下：投入到令你快乐的事物中去，享受和令你快乐的人相处的每一分钟。你的身心会自然地通过这些体验"充电"，并将它们记在心间。当你回想起来时，可能会发现这些体验仍然存在于记忆中，与自己同在。
- 与人分享：一份快乐经过分享就会变成两份、三份，甚至一百份，分享快乐也是传播积极体验最迅速的方式。重要的是你的出发点必须是真诚的分享，而不是攀比、炫耀或者别的目的。否则你会发现，自己的快乐很快就变得黯淡无光、索然无味了。

面对他人的快乐：
- 有福同享：最理想的面对方式是为他人高兴。不要企图帮对方分析成功的理由、展望未来的美好，或者找出什么其中的问题。如果你能单纯为此刻的对方感到高兴，那么你就获得了同样的快乐，并且你们之间的关系也会得到加深。
- 做好自己：在竞争激烈的社会中，有时候他人的快乐未必意味着我们的幸福，如果你真心不为他人感到快乐，也不必刻意假装。不要急着嫉妒、攻击别人，也不必自怨自艾，做好自己手头的事情，属于你的快乐日子自然会到来。

2.7 焦虑

认识焦虑

从焦虑开始，我们就进入对复杂情绪的探索。相比基本情绪，复杂情绪的状况多种多样，不再像基本情绪那样，可以把事件、认知、感受、行为都一一对应起来。同样一种复杂情绪，在不同的场景下，所反映出的内心状况可能截然不同，其作用也不尽相同。不过，每种情绪仍然有规律可循，我会尝试简单介绍每一种情绪，也会用一些例子展现其复杂的一面。

从生理上而言，焦虑是人体应对长期压力积压的方式。人在受到威胁、感到恐惧和愤怒时，会分泌肾上腺素和去甲肾上腺素，这两种激素犹如强心针，能够在短时间内将身体的应激能力调到最高，达到"狗急了能跳墙，人急了能上房"的效果。但有很多压力一时半会儿是过不去的，工作的压力每天都有，学习的压力一个学期起码也有两次，但强心针的时效是以分钟计算的，经常抽根烟的工夫就烟消云散了。因此，在应对长期压力方面，身体采用了另一种名为皮质醇的激素。这种激素在任何压力情境下都可以持续分泌，并经由血液输送到全身。它可以长时间在一定程度上提高身体的应激能力，使人们能够维持相对良好的表现。而焦虑实际上就是一个人在血液中皮质醇含量较高时的主观感受。

人在焦虑的时候，不论外界发生什么，注意力都会被牵扯到自己担忧的事情上。比如，如果你在等待面试通知，那么可能手机一响你就会觉得是不是面试结果来了，出门看到天色不好你也会怀疑是不是面试的兆头不好，打开手机注意到的每一条消息的内容都是关于最近工作难找的……焦虑会使人持续担忧、难以专注，虽然思维迅速，但内容往往是以焦虑事件为中心的东拉西扯，或者担忧事件的不断重演，除此之外可能没有什么有建设性意义的内容。

焦虑情绪的大量累积还会导致焦虑发作。举例来说，就是当你在复习考研或公考时，随着压力累积，有一天坐在自习室里突然崩溃的状况。你可能只是有两个公式没看懂，却突然感觉整个人都不好了：你完了，你的人生也完了，你感到大难临头，现在却只能坐在座位上"等死"——这就是焦虑发作的表现。不是你真的要完了，只是你血液中压力激素的含量超标了而已。

持续焦虑会带来一系列躯体症状。由于交感神经长期处于相对兴奋的状态，长期焦虑的人容易出现心动过速、肌肉紧张、头晕耳鸣等问题。并且由于身体处于慢性应激的状态下，一些"不必要"的系统功能会被暂时削弱，比如免疫功能、消化功能、生殖功能，所以长期焦虑的人可能会容易感冒，经常肠胃不适，还会出现"性趣"匮乏的状况。

焦虑不仅反映了外界给我们造成的压力，也反映了我们内心的压力。焦虑经常会作为隐蔽性情绪存在。也就是当我们不想感觉到某种实际上存在的情绪时，内心就会感觉到焦虑。比如，当我们有亲人过世却不能允许自己悲伤时，就会感到焦虑；如果我们非常愤怒，但无法攻击对方时，也会感到焦虑；当我们厌恶自己的伴侣，却出于各种原因欺骗自己继续与对方在一起时，也会感到焦虑。总之，只要有任何情绪压力存在，当我们没有直面、体验到那个情绪时，所感觉到的基本都会是焦虑。可以说焦虑是个筐，什么都能往里装。焦虑经常要给各种的情绪问题"背锅"，也难怪"焦虑症"成了现代人最主要的心理困扰之一。

常见的焦虑相关问题

由于现代生活中方方面面的压力，大多数人或多或少都会有一些焦虑情绪方面的困扰。因此，相比于把一切情绪不适都当作一种病症，不如把它们当作一种难以避免的常态。就像大城市的空气污染难免比一些小城市的严重点，代谢这些污染物质自然也就会给身体造成一些压力。只要能够维持相对正常的生活，能工作，能学习，能维持基本的社交，尽到基本的家庭责任，那么这就算是一种相对健康的状态了。

当然，病症也是真实存在的。如果焦虑情绪泛滥到已经开始影响正常的生活，比如人变得慌张、健忘、烦躁、易怒，满脑子都是焦虑的想法，已经没有办法维持，或者要花非常大的力气才能维持一般的社会交流和工作学习，那么可能就需要把焦虑情绪当成一个问题来集中解决了。

和焦虑有关的心理问题不仅多，而且发病率也不低。2013年的一项研究[1]显示，全球同一时间大概会有7%的人患有跟焦虑有关的心理障碍，而在医疗条件好的国家（意味着当有心理问题时，人们更可能就医并获得诊断），这个数字可以达到18%。

最常见的焦虑心理障碍是广泛性焦虑症，病如其名，就是广泛性地，对什么都会有显著紧张不安的焦虑障碍。患者的典型特点就是周围没有什么大事也会感觉焦虑，或者周围有些压力，但焦虑的程度远高于压力本身的强度。社交焦虑也是一种非常典型的焦虑问题，不过只有在社交场景中出现。另外，惊恐障碍和强迫症的本质也都是焦虑问题，只不过患有这两种障碍的人通常对自身焦虑情绪的觉察能力非常差，而只能关注到外化的最终症状

---

[1] Baxter, A. J., Scott, K. M., Vos, T., & Whiteford, H. A. (2013). Global prevalence of anxiety disorders: a systematic review and metaregression. Psychological medicine, 43(5), 897.

（比如，突然莫名其妙地感到心惊肉跳，或者突然有要洗手的冲动），因此经常注意不到自己是焦虑问题。除此之外，抑郁症、创伤后应激障碍、成瘾障碍等，也都跟焦虑有关系，或者会表现出焦虑的症状。正如前文所说，不论什么情绪问题都可能反应成焦虑问题，因此如果焦虑症状真的比较严重了，最好还是找专业人员进行筛查，而不是单靠自己上网就诊。

应对焦虑

不健康的调节焦虑的方式：

- 逃避问题：偶尔喘口气对缓解焦虑会有帮助，有些问题你不去解决，它自己也能消失；但如果你发现自己今天喘了一口气，明天又喘了一口，后天还在喘，半年后仍然在喘，等着问题消失，那很可能你就只是在单纯地逃避。也有很多问题怎么等也不会消失，这时候你等得越久，就越焦虑。
- 纸上谈兵：焦虑的人特别容易陷入企图"想出"一个解决方案的陷阱里，好像只要他们再努力点，换个想法、想出什么来，他们的情绪就会好起来。然而"纯靠想"在焦虑解决中有效性甚微，因为焦虑情绪会影响思维，想得越多，问题反而越大。
- 发泄压力：焦虑来自压力，当人们因为一时处理不了压力而本身感到无力时，就很容易下意识去找"替罪羊"。自己的家人突然看着就不顺眼了，送晚了外卖的小哥简直就是十恶不赦……由于对方并非压力的真正来源，不论对对方怎么发泄，都于事无补。

健康的调节焦虑的方式：
- 实事求是：焦虑会导致思维偏差，而纠正这种思维偏差的最好方式就是寻找客观证据。尽量为你的想法寻找现实的证据，如果找不到或不足以支撑你的焦虑程度，那么可能就是过度担忧了。
- 压力管理：学习压力管理，包括理解压力，让身体觉察和适应压力状态，通过冥想、瑜伽等一系列方式疏解压力，并学习以不同的方式对待压力和自己的生活。

面对他人的焦虑：
- 自我保护：当周围的人感到焦虑时，首先要做的是自我保护，也就是不让自己受到焦虑的影响，跟对方一起焦虑起来。这样你什么都帮不上，还把自己折进去了。
- 避免批判：不要给对方的焦虑提供素材。焦虑的人本身就很容易心情烦躁，因此在与对方沟通时，应尽量避免批判，否则对方要么跟你争论起来，要么就是接受你的批判，不论是哪种情况，都不能缓解对方的焦虑情绪。
- 推荐方法：如果你确实知道一些解决问题或者可以对对方

有帮助的方式，可以告知对方，切忌强迫。焦虑是一种复杂的情绪，谁都不会读心术，不要自以为完全清楚对方的焦虑背后真正的核心问题。

2.8 抑郁

认识抑郁

与焦虑相同,抑郁也是一种现下相当流行的情绪。如果说焦虑背后可能存在多种情绪,那么抑郁本身根本就是多种情绪的集合体。当一个人说他感到抑郁时,这个感觉中可能包含着悲伤、内疚、空虚、焦虑、绝望、麻木、(自我)厌恶等,其中每种情绪所占的比例还会因人因事而异。因此,抑郁真的是字面意义上的"复杂情绪"。

人在抑郁的时候会出现情绪低落、精力不足、身心疲惫的表现,平常喜欢的事情也提不起兴趣去做了,即使得到了平常会喜欢的东西也感觉不到高兴,整个世界似乎都比之前灰了两度。很多人抑郁的时候还会感觉自己注意力涣散,特别容易忘事,并且反应似乎也比平常慢，整个人有点发木，有一种人在水下的感觉。

虽然抑郁的人对外界反应慢，但内心其实一点也不闲着。不如说正是因为内心运行的程序太多，吃光了系统资源，导致人对外界刺激有点反应不过来了。抑郁的人经常会出现大量负面思维，在大脑里像复读机一样来回重复，难以自拔。抑郁的人的生活习惯也可能会出现变化，比如失眠或嗜睡，吃得很多或什么都吃不下，人也会变得更容易拖延，容易沉溺于一些成瘾行为中，比如抽烟、喝酒、打游戏。

抑郁不仅成分复杂、表现复杂，机理上也很复杂，很多问题都可能导致一个人感到抑郁。首先从纯粹生理角度来说，特定的维生素缺乏、肝功能失调、甲状腺机能减退、经期激素分泌失调，都可能导致一个人主观感觉到抑郁。因此，如果一个人从来不抑郁，却突然开始抑郁，再伴有一些身体症状，那么首先需要考虑的其实是身体机能是否出现了问题，而不是情绪有什么问题。

人在压力过大的时候也会产生抑郁，也就是专业上所说的"原发焦虑继发抑郁"。当一个人在应付客观压力和主观焦虑上消耗了大量精力，导致身体和心理能量耗竭时，就会感到抑郁。此时的抑郁，其实是精力耗竭的表现。

抑郁的第三个成因，是无效的自我修复。大家可能注意到当我们生病，比如发烧时，人就会感觉很想休息，因为身体需要集中精力自我修复，就会发出信号让身体减少消耗、躺着别动。但我们的身体只有这一套自我修复的方式，这也就意味着，如果我们心理上感觉"生病"了，身体也会发出同样的信号，即让我们躺着别动，等待复原。所以抑郁也可以被看作一种心理"发烧"的表现。不幸的是，"躺着回血"这套方式对抑郁情绪有害无益，人抑郁的时候是"越不动越抑郁"，身体的修复机制反而可能导致抑郁加重。

除此之外，长期压抑情绪，尤其是愤怒情绪，也会导致抑郁。在心理角度上，抑郁是一种向内的攻击性情绪。抑郁的人经常看什么都不顺眼，尤其看自己不顺眼，觉得自己毫无价值、一无是处——而这些都是一种自我攻击。很多抑郁的人最终都是被每天不间断的自我攻击打倒的。

至于抑郁的人为什么会自我攻击？这就是一个更加复杂的问题了。很多情况下，这是由于他们在日常生活中，或者成长经历中，受到了太多自己消化不了的攻击，但又没有条件或者不被允许愤怒和攻击对方，最终就形成了抑郁。这在一定程度上也解释了女性抑郁症患者比男性要多的原因，因为社会对男性的愤怒接受度更高一些，而在很多场景下，女性可能不得不压抑她们的愤怒，委曲求全，或者采取迂回的方式表达情绪。结果就形成了男性愤怒问题更多些，而女性抑郁问题更多些的表现。

常见的抑郁相关问题

和抑郁情绪最相关的心理障碍大概就是抑郁症。事实上，抑郁症的诊断标准并不高，只要一个人维持了两周以上的心情持续低落、兴趣减少、睡眠紊乱、精力不足、过分内疚等，就可以被诊断为抑郁症。如果按照这个诊断标准，恐怕百分之七八十的人这辈子都曾得过抑郁症，毕竟谁还没遇到过当时感觉过不去的坎呢？

如果抑郁情绪长期出现、反复发作，那就是另一个问题了。不论是抑郁的生理表现、情绪表现，还是行为表现，都可以明显影响一个人的工作和社交能力，导致原本没有问题的事情出现问题，原本有问题的事情问题更加严重。因此如果抑郁情绪确实影响到了自己的生活以及与周围人的关系，那么还是需要认真应对的。

除了抑郁症，在情绪障碍的大类下，还有其他几种心理问题和抑郁有关。比如，心境恶劣，这是一种比抑郁症程度要轻的抑郁状态，但持续时间很长，通常当事人会连续数年持续处于心境相对低落的情况下。季节性情绪障碍则是会随着季节变化发生的抑郁问题，通常发生的季节都是在冬季和春季。另外，前文曾提到过的双相情感障碍和环性情绪障碍的患者也都会出现较长的抑郁期。在抑郁期中，他们的表现和一般的抑郁症是完全一样的。还有相当一部分有创伤后应激障碍的人也会表现出抑郁的症状，但他们的抑郁症状会更难消除，因为他们的抑郁真的只是发烧，而实际的炎症是创伤。只有炎症真的消了，抑郁才能长久地离他们而去。

应对抑郁

不健康的调节抑郁的方式：

- 过度休息：在正常休息时段以外，不要额外休息，或者给自己留下大量的空当时间。虽然抑郁的人会感到疲倦，但抑郁产生的疲倦是无法通过休息复原的，因为这通常不是真的疲倦，而是大脑对心理生病感给出的错误休息信号。越累越休息，越休息反而越累，是抑郁者的常态。
- 过度思维：和焦虑一样，复杂的自我分析和思考对抑郁的人通常也没什么帮助。由于情绪的影响，他们的思维几乎避不开"我过去如何不好""我现在为什么不好""我未来为什么好不了"这三个问题。他们通常注意不到，自己的思维不是解决问题的方式，而正是亟待解决的问题本身。

健康的调节抑郁的方式：

- 保持行动：只要工作不过量，就尽量维持工作状态，日常需要去哪儿就去，需要完成什么就尽量完成，即使完成得不好也没关系，重在参与。不要觉得停下来自己就好了，停下来空出的时间很可能只会被花在过度思维上，导致抑郁加重。
- 适量运动：运动会让大脑分泌多巴胺和内啡肽，会让我们感觉好，因此有条件的情况下，建议适量运动。有运动习惯的人通常也更不容易抑郁。
- 勇于求助：如果确实感觉自己的情况比较棘手，有些难以解决，勇敢地向信任的亲友或者专业机构求助。抑郁的人经常会因为怕麻烦别人而不去求助，如果你真的得了抑郁症，这对你自己和关心的人而言，都会是更大的麻烦。早干预早解决。

面对他人的抑郁：
- 耐心倾听：抑郁的人不需要你给他讲大道理，也不需要你逗他开心，甚至不需要你给他出主意。他脑子里的念头已经足够多了，不需要你再为他加码。如果他愿意跟你表达，耐心倾听就足够了，这会让他感到自己不孤独、仍有被关注的价值。
- 避免批评："懒""没出息""笨""拖延"，这些都是抑郁的人经常会听到的批评，并且他们也会内化这些批评，把它们变成自我攻击的一部分，导致加重抑郁。不论对方是由于哪种原因抑郁，至少表示理解，而不是给对方雪上加霜。
- 鼓励求助：抑郁的人行动力会不足，有时难以自己主动求助，而需要他人的鼓励和支持。如果他确实有求助的意愿，尽量肯定他的意愿，你并不需要帮他解决他的人生问题，但你可以帮助他找到求助途径，供他参考。

2.9 愧疚（内疚与羞耻）

认识愧疚

愧疚实际上是两个情绪的合成体，一个是内疚，一个是羞愧，或者更贴切地说，是羞耻。人们经常会混淆这两个情绪，它们也经常同时出现。并且，这两个情绪都包含令人"难以启齿""难以言喻"的成分，这也就导致虽然大众特别容易感觉到这两个情绪，但很难自我觉察，也更难将它们表达出来。

内疚是当一个人受到指责，尤其是自认为自己做错了时产生的情绪。它的核心潜台词是"我做错了"。人感觉到内疚时，会感到一种以胸口为中心的向内塌陷感。他们会低着头，弓起背，浑身紧绷，却又毫无力气，感觉胸口似乎有一个黑洞，把一切能量都吸了进去，而这个黑洞就是"我的错"。

中国人相当容易感到内疚。因为我们的教育主要关注的是我们做错了什么，而不是做对了什么。这就导致我们过度关注自己和他人的错误，更容易感觉到内疚，也更容易指责别人，导致内疚的传播。由于对错误的过度关注，我们甚至能把很多中性的事物都变成负面的错误。比如"责任"，在中国的语境中，一件事是谁的责任几乎就等同于一件事是谁的错，而完全失去了其中主动负责、享受权利的积极成分。事实上，错的事情确实需要修正，但如果注意力的天平一味导向错误的一方，就会导致正面积极的事物得不到足够的关注，难以成长发展。最终，虽然生活中的每个错都改了，但生活中剩下的只有错误和改错，变得索然无味了。

如果说内疚还是一个可以用"我做错了"表达出来的情绪，那么羞耻就是一个根本说不出来的情绪。不可名状本身就是羞耻的特征之一。只要人一感到羞耻，立刻就会觉得浑身难受，想要原地"爆炸"。别说说话，他根本就想立刻找个地缝钻进去，让自己从世界上消失。如果你感觉浑身难受、无地自容、百爪挠心，但又说不出来是什么感觉，那你感觉到的应该就是羞耻。

羞耻在错误不指向行为，而指向人本身的时候发生。如果说人的内疚指向"我做错了什么"，那么人的羞耻就指向"我是个错误"。当人感到羞耻时，他们的潜台词是：我的存在本身根本就是个错误，我不应该出现在这里，不应该存在在这里，或者更严重的，我压根就不应该生下来。而当人们将羞耻感传达给他人时，也经常跳过言语沟通，比如所有人都一言不发，却以一种异样、排斥的表情盯着某个人，或者完全不讨论任何事实，直接进行人身攻击和人格羞辱，这些都是常见的企图诱发羞耻的表达方式。

羞耻让人怀疑自我，是一种对自我存在感和价值感的直接打击，它也是所有情绪中打击力度最大的，有时甚至比绝望还要强力。因为绝望时人还能思维，而羞耻令人大脑混乱、自我崩溃。由于羞耻感如此强力，许多文化和组织都会使用羞耻感来规训成员的社会行为，而生活在"耻感文化"中的人羞耻感也会更加强烈，他们更容易感到自己没有价值，也更不愿意表达自我、更缺乏主动性。

常见的愧疚相关问题

虽然我们谈了很多愧疚的负面作用，但适量的愧疚在社会生活中其实是健康的。如果我们确实做错了什么事情，内疚会帮助我们记住曾经犯错的场景，并提醒我们以后不要再犯；如果我们的行为表现确实给自己的社群造成了破坏，那么羞耻会帮助我们意识到事情的严重性，并让我们从此不再"踏入禁区"。

就像我们曾经谈过的其他情绪，内疚和羞耻也帮助我们更好地适应环境，提高个人的生存竞争力，尤其是在社会生活方面的适应性。如果愧疚的程度过高，远远超过了一个人实际上本应承担的错误程度，或者长期持续愧疚的状况，比如有些人在心底里可能仍然对自己数年前所犯的错误、经历的失败耿耿于怀，那么就可能造成问题。

在临床上,并没有一种心理障碍是针对愧疚情绪的,但抑郁症、饮食障碍、创伤后应激障碍、成瘾障碍等问题都可能与愧疚感有关。如果一个人在成长经历中或生活环境里遭受了太多他人的恶意和歧视,比如长期贬低、持续暴力,仅仅因为相貌体态、性别性向、家境出身等就遭到广泛的差异对待,就有可能发展出愧疚问题。同时,一些原本没有愧疚问题的心理障碍患者由于社会对精神心理问题的污名化和歧视,也可能造成在患病后产生愧疚问题,使康复变得更加困难。

当然,既然存在过度愧疚的人,自然也就存在完全没有愧疚的人。有一些人做什么都能为自己找到理由,压根不在乎自己对环境和他人的影响。完全没有愧疚感是比愧疚感过重还要严重的问题。过度愧疚多数仍是情绪问题,而无法愧疚则通常是人格问题或神经异常。这样的问题不是通过批评教育就能解决的,而需要专业人员的干预。

应对愧疚

不健康的调节愧疚的方式:
- 反复重演:只要你没有给他人的身心造成重大打击,绝大多数事情只需要愧疚一次就足够了。反复在脑内复盘当时的错误并不会让你学到更多,反而会强化负面情绪,导致你再次遇到类似情况时更加慌张。
- 情绪发泄：与愤怒、悲伤这样的初级情绪不同，愧疚这样具有高度社会性的次级情绪很难通过发泄获得任何实质性的好转。不论是运动、打游戏、抽烟喝酒还是吃甜食，都只能起到止疼片的效果，药劲一过，那股难受劲就又回来了。
- 指责他人：当一个人感到愧疚，却又无法面对自己的愧疚感时，他就可能企图通过指责他人将自己的负面感觉推出去。遗憾的是这种方式不仅对根除自己的愧疚毫无作用，还可能造成愧疚的传播，而当事人则由于否认愧疚而容易感到焦虑。于是一份愧疚变成了好几份愧疚和焦虑，问题反而更麻烦了。

健康的调节愧疚的方式：
- 客观归因：尝试从第三人称视角分析你当时所处的场景，其中的各种微观和宏观的影响因素，以及你在其中的影响力，来确定你应该负有多少责任，又应该做出哪些改变。这会让你从愧疚的体验中真正获益。如果其中没有你的问题，你就没必要苦恼。
- 接纳不足：如果确实存在做错的地方，那当然需要修正。但在修正之前，你首先需要接受自己作为一个人类必然会犯错的事实，你的人生道路中，也必然包含会被看作"错误"的经历。这样你才是真的在修正错误,而不是通过所谓的"改错"来逃避过去曾犯过错误的不完美的你。
- 弥补过错:如果你确实做错了,那就尝试去改正,去弥补,改错题永远是最快的学习方式之一,而愿意去做功课的你必然会从中获益。同时,你也需要接受,如果有人曾因你的错误而受伤害,那么他们可能不会原谅你。这并不意味着你做得不够或者是个坏人,只意味着他人有权决定自己的态度和生活。

面对他人的愧疚:
- 友善倾听:愧疚是一种复杂的情绪,每个人都有自己与之应对和从中成长的方式。如果有人确实愿意向你诉说他们的愧疚,那么请以平和的心态去倾听,尽量不要评判或支招,你接纳的态度就是对他们最大的支持。
- 自愿选择:如果你是受害者,而曾经伤害你的人来向你忏悔,那么你可以选择是否倾听、是否接受、是否原谅,或者也可以直接转身离去。你不需要觉得有必要接受对方的任何事情,受害者不对伤害者负有任何责任;当然如果你希望沟通交流,甚至原谅对方,也完全可以。不必在意他人的看法,在这件事上,你有完全的选择权。

2.10
其他常见情绪

到目前为止,我们已经介绍了五种常见的基本情绪和三类常见的复杂情绪。当然这只是人类所能体验到的情绪中的一小部分,要想穷尽人类的情绪种类和体验恐怕很困难。相信你在读完以上内容后,对于各种情绪的来源、体验、功能、作用,它们可能造成的问题,健康或不健康的应对方式,都有了相当的概念,同时也对情绪本身及其涉及范围建立起了足够的认识。

在第二部分的结尾处,我们会再列出一些日常生活中经常出现的情绪,给大家作为参考。你也许会发现有些自己根本没有意识到是情绪的体验,实际上也是情绪,或者你以为是一个意思的一些情绪,其实是另一个意思。扩充对情绪的理解和相应的词汇量,对于情绪管理、情绪表达乃至提升情商都是很重要的事情。毕竟,只有我们能读懂题,才有可能解对题。

困惑

一种经常被人忽视的情绪。人们经常认为自己感到困惑是因为无法确切地知道答案，却意识不到有时候自己无法"确定"答案的原因正是困惑情绪本身。因为人的思维会受到情绪的影响，所以当人感到困惑时，会觉得想什么都想不明白，即使能想出答案，也觉得无法确定。困惑在主观体验上通常是一种胸口的淤积感，或者身体无所适从的感觉。

嫉妒与羡慕

嫉妒也是一种不太容易被主观意识到的情绪，它的典型特征是一种胸口的灼热感和胃部的烧痛感，并且一般只集中在这个区域；强烈的嫉妒可以让人觉得面部和额头火辣辣的。嫉妒与内心潜在的"特权感"息息相关，也就是当我们认为某件事情"本来就应该属于我"时（即使我们没有为之付出足够的努力，也没有足够的证据证明我们将得到它），我们就会妒火中烧。因为我们感觉自己被人"抢"了，但没有事实能够合理化这种感受，所有的无力、挫败、不甘就会会聚为嫉妒，从内心爆发出来。在没有这种认定那件事物属于自己的特权感的情况下，我们在看到他人得到我们求而不得的东西时，只会感觉到羡慕，不会有嫉妒感。

平静

经常有人在觉察不到自己的情绪时,表示自己感觉"平静",但平静其实并不是"没有感觉",而是有明显特征的一种特定情绪状态。平静时,人的身体会感到放松、舒适,不论气温多高都没有燥热感,并且会有一种似乎周围空气中的尘埃都落到了地面上的感受,感觉周围变得比实际的要更安静。这种状况就是情绪平静的表现。任何人在任何时候都可以感觉平静,它本质上是内心安定的表现。

沮丧

沮丧与挫败的关系紧密,是当我们在感到自己的目标难以达成,或者达成受阻时产生的情绪。人在沮丧的时候,会变得垂头丧气,身体松垮,同时胸口可能还觉得堵得慌——这是客观的阻碍转化为身体的"受阻感"的典范。愤怒和放弃是人们最常用的两种应对沮丧感的不良方式。当人们沮丧时,他们可能会变得更易怒,这也是为什么当一个团队、组织或家庭诸事顺利时,成员之间的关系更容易融洽,反之成员之间则很容易出现摩擦,也就是所谓的"贫贱夫妻百事哀"。同时,也有很多人一沮丧就会直接放弃,或者说假装放弃,他们会表现得自己好像已经放弃了,但心底可能仍然被沮丧折磨——于是,他们就感到焦虑了。

失望

失望与沮丧息息相关，因此两者经常被人们混淆。如果将两者相比较，那么沮丧的自我挫败感更强，而失望的预期落空感更强。在沮丧中，当事人更关注自己的表现；而在失望中，当事人更关注外界的表现。由于当事人的关注点在外部，当事情落空时，当事人比较不容易像感到沮丧时那样自我贬低或攻击，但通常会感觉更失控、更无力，也更容易伤感，毕竟我们改变不了别人。人在失望时，身体也会感觉更加空虚，甚至会感觉胃里空荡荡的，有一种下坠感。

孤独

一个人独处时并不一定孤独。孤独的本质是失连，也就是一个人与自己的内心、周围的生命以及外部世界全都失去联结感时的内心状态。在进化上，孤独情绪的存在是为了刺激当事人更多地参与到社会生活中去。它带给人一种内心酸痛的感觉，而这种感觉在我们与他人产生联结、共鸣和亲密感时就会自动消失。但现代的社会生活和人际方式与古代不同，即使彼此沟通，人们也未必能很快地产生内心的联结感，这时就会造成持续的孤独感和无力感。孤独情绪也会加重其他已有的负面情绪，因为人在感到孤独时，普遍更容易觉得无助，不论什么负面情况可能都会觉得更难应对。

第三部分
如何与情绪共处

最让我们困惑和烦恼的其实并不是情绪本身,而是我们看待情绪的方式。只有学会在日常生活中觉察、理解、接纳自己的情绪,我们才能情绪更稳定。

3.1
情绪觉察：
了解你独有的情绪模式

情绪觉察是一切情绪管理的基础

在第二部分中，我们已经详细介绍了各种不同的情绪，以及它们的表征。在第三部分里，我们就来一起看一看如何管理、调节它们，与它们和平共处。

调节情绪的第一步是情绪觉察，这是整个情绪管理中最基本也最重要的步骤。当你能够觉察到情绪的存在，才有可能成功地应对、解开它；反之，觉察不到情绪就好像在考试时看漏卷子背面的大题一样，自以为问题都解决了，交了卷子才发现纰漏大了。

不仅如此，情绪觉察的速度还直接影响情绪问题的解决难度。我们同样以开车时被人按喇叭的情况做假设，如果你的烦躁刚升起，你就觉察到了，那么当时的心态还没变，车速也没变，你只需要转念一想，问题就解决了，很轻松。如果你已经开始生气了，心里想着"后面这个人真是没教养"，然后才注意到自己火了，那么可能就需要花些时间才能平复。如果你已经一脚刹车，差点跟后面的车顶上，那么这时候情况就已经不全掌握在你自己手里了，说不定对方会开过来从旁边别你——而且如果他别了你，你肯定就会更生气，并感觉自己应该继续生气才对。这时候如果你还气着，问题恐怕就要脱离情绪的范围，最后就不知道你们两个是在派出所见，还是在医院里见了。

在上面这个例子中我们可以看到，情绪刚升起的时候，管理难度其实是最小的，就像一辆车刚启动，收个油门它可能就停了。而当情绪已经彻底爆发时，管理难度就高得多了，毕竟要把一辆在高速上时速百公里行驶的车安安全全、顺顺当当停下来，还真需要点技术。因此，不论是你想了解、应对情绪，还是想尽量让你的情绪管理简单一些，情绪觉察都是一门必修课。

情绪觉察的方式

每个人觉察到自己情绪的方式不尽相同，找到适合自己的情绪觉察方式颇为重要。最常见的情绪觉察方式有以下几种：

1. 身体觉察：顾名思义，就是通过身体感觉来觉察。这是我最推荐的一种方式，因为躯体感觉在情绪发生过程中位置非常靠前，也就意味着你可以更快地觉察到情绪，甚至在身体反应还没有最终固化成"情绪"之前就注意到并应对它。当然，这种方式也有难度，就是我们现代人大多比较注重思维，习惯于忽视身体感受，因此有时对身体信号有些钝感。在第二部分中，我们在讨论每一种情绪时都介绍了它常见的身体反应，你可以参考这些信息，去发现自己对每个情绪的身体反应是怎样的，后文也会为你提供一个练习身体觉察的方法。

2. 情绪觉察：有些人对自己的情绪非常敏感，天生就擅长为情绪命名，即使一时想不出，只要拿着情绪词表对一下，就可以立刻指出来自己现在是哪种情绪。这些人也可以尝试身体觉察。另外，第二部分也列出了同一情绪的多种程度，以及多种复杂情绪，你可以通过熟悉这些词帮助自己更快地觉察情绪。

3. 思维觉察：对于特别注重思维、理性的人来说，有时候确实难以觉察到自己的身体感受和情绪体验，那么可以从思维内容开始觉察。比如，人在愤怒的时候一般都会想"凭什么……"；人在恐惧和焦虑的时候，脑子里想的大多是危机和风险；而人在开心的时候，对周围则更可能采取一种开放的态度。注意你的思维内容和态度，就可以帮你推测出自己此刻的情绪。

4.行动觉察：行动觉察是最滞后的一种觉察，但仍然好过没有觉察。尤其当我们的情绪相对细微，或者当我们长时间处于某种情绪而难以自知时，行动觉察可以起到很好的辅助作用。比如，如果你经常出言不逊，那么应该还是有某种烦躁情绪存在；如果平常你喜欢做的事情现在都没有兴趣了，那么你很可能是有些抑郁了。对照第二部分的每一种情绪会产生的行动表现看一看，你可能就会发现有些情绪一直在，只是你现在才注意到它。

在一开始学习情绪觉察的时候，不论采取哪种方式都可以，只要自己能尽快注意到情绪的出现就是成功。我在下面也提供了情绪觉察方面的几个练习，你可以从中选一个自己心仪的，然后去尝试。

不论你选择了哪个练习，练习的要点都一样，就是要带着好奇和娱乐的心态来做这些练习，就像尝试摆弄新买来的玩具，或者在刚下载的游戏界面里试着乱点一样。不要试图给自己设定某种目标，或者强迫自己立刻就得发现点什么——据我所知在这类练习中，这种方式常常会适得其反。请以轻松的心态来接触情绪，你就会发现情绪这个问题，对你而言，并没有自己想得那么复杂严重。

情绪觉察练习 1 —— 情绪记录

每个人的情绪都有不同的模式，即使是同样的情绪，触发的缘由、发展的程度、客观的表现、主观的体验都可能各不相同。因此即使读过第二部分中对每一种情绪的描述，要想驾驭自己的情绪，还是需要对自己这个个例的情绪模式有相对系统的了解。而想要能够快速了解自身的情绪特点，全面地建立对自己情绪的觉察，可以通过在一段时间内进行情绪记录的方式来达成。

你可以用任何东西写情绪记录，也有很多 APP 提供这个功能，但我的建议是记录的方式越简单越好，比如手机的记事本就是不错的选择。实际的日记中只需要记五件事情：事件、身体感觉、情绪、想法和行动。如果你能在触发情绪的事件发生的当下进行记录，那么最好。做不到这样，那回头想起来写也可以，总之不要在情绪记录方面给自己设太多条条框框。

具体的记录也尽量简明扼要，能用单词就不用句子，能两个字说清楚的就没必要写十个字。因为一旦记录太长，就会变成一种情绪抒发，一方面可能逐渐偏离实际情况，另一方面抒发情绪就会很耗时间。我们大多数人日常都很忙，太占时间的任务肯定很快就会做不下去了。

按照上面要记录的要点，下面给你列出了几条情绪记录例子：

●老板骂人：肩膀紧张，呼吸快；烦躁；"你自己来干干试试"；出去抽烟。

113

● 看微信说房价要涨：肩膀塌陷；沮丧、无奈；"反正这辈子也买不起"；开始打游戏。

● 买衣服薅到羊毛：心跳和呼吸加快；开心、得意；"我可以！"；发朋友圈炫耀。

记录按顺序分别是事件、身体感觉、情绪、想法和行动。二十几个字就可以解决问题，也就是一条微信的工夫。如果其中某一项你一时觉察不出来，空着也完全可以。切忌求全，但求有做。每天如果能够写一条就算成功，写两条就是赚到。如果在记录之后愿意回头总结一下会很有帮助，即使没时间总结只是单纯记录，也足以提高你的情绪觉察能力了。

通常只要几周时间，你就会对自己在哪些场景下会有怎样的反应、在何时会因什么方式应激、通常又是如何反应等自身情绪特点有一个全面的了解。当你再次冒出类似的念头、有类似的身体感觉时，你就更有可能在第一时间注意到自己的情绪。

情绪觉察练习 2 —— 呼吸觉察

呼吸是我们身体变化的晴雨表，任何外部和内部的刺激都可以引起呼吸的变化，而习惯于注意呼吸的变化也可以帮助我们觉察情绪。以下是一个简单的呼吸觉察练习，你可以试试看。

把注意力放在你最容易注意到呼吸的区域，对有些人来说是腹部的起伏，有些人是胸腔会起伏，有些人的肩膀会起落，也有些人会注意到鼻孔里气息的流动，或者整个身体的扩张和收缩。不论是什么身体感受，只要你能注意到一个随呼吸节律变化的身体区域就可以，然后把一部分注意力放在这个身体区域上。

如果你发现自己很难专注，也可以把手放在你要关注的区域上（比如把手抚在心口上），帮助你提醒自己去觉察这个区域。你还可以在吸气的时候默念"吸"，在呼气的时候默念"呼"，有时候这可以帮你更清晰地觉察呼吸。

注意你的呼吸是快还是慢、深还是浅，均匀还是不均匀。不需要调整你的呼吸，也不需要琢磨自己练得好不好、呼吸得对不对、怎样呼吸更有效，只需要注意到你的呼吸此时的情况就可以。

先尝试在空闲的时候做这个练习，一次做 10~20 次呼吸就可以。然后，你就可以在日常任何时候做几次练习，并注意在那个时候你的呼吸和平日有无不同，再说明你可能有怎样的情绪。

情绪觉察练习 3 ——肌肉扫描

如果你认真阅读了第二部分应该已经注意到了,我们的许多情绪都会导致特定区域的肌肉紧张或放松,因此觉察身体肌肉的紧绷状态,也是一个帮助我们觉察情绪的极佳方式。

首先感觉一下全身上下哪里相对而言最放松,任何地方都可以,曾经有人告诉我他的耳朵最放松,或者脚趾最放松。无论是哪个区域,把注意力放在那里一会儿,比如可以在几次呼吸间感受这种放松感,让自己熟悉这种感觉。

接下来以这种感觉为基线,把注意力挪到你的小腿上,注意它们此刻是怎样的感觉,是否有些紧绷或相对放松。之后是大腿,以及臀部,同样注意这里有无任何紧张感或放松感。接着是腰部和背部,如果你感到酸痛,那么就意味着有一些压力感存在。然后是双臂和肩膀,注意你的肩膀有没有耸起来,或者瘫软地塌下去。最后注意一下你的脖颈和后脑,你感觉头皮紧绷吗,或者放松吗?

你在任何时候都可以做这个练习,建议是在静止的状态下。我通常建议身体的每个区域感受 15~30 秒,你可以有足够的时间觉察那里的感受,同时又不会因关注太久而感到无聊。

在练习的过程中,你可能会出现有一些区域没有感觉的情况,即在这些区域你既不感觉紧张，也不感觉放松，甚至压根没有任何感觉。请记住，如果在多次练习中，你感觉不到的区域始终相同，那么有可能那个区域有一些自己难以接纳的情绪和感受。

3.2 情绪接纳：出人意料的解决方案

情绪接纳的强大力量

在上一节中，我们谈到了情绪觉察的价值和方式，有人可能就会问，我已经知道自己有什么情绪了，接下来呢？接下来的步骤很简单——接纳它的存在。

也许你听过各种各样的情绪管理和解决方式，根据我个人的经验，针对纯粹的"情绪问题"，最强有力的解决方案其实就是情绪接纳。没错，除了接纳，其他什么都不需要做，或者说如果你能够接纳情绪本身，那么情绪就不会再给你造成问题。也许你还是会有逼近的项目死线，会与伴侣意见相左，还是有买房、买车的负担，但这些是现实问题，需要在现实中慢慢找方法解决。至少你接纳了情绪，情绪就不会再给你造成负担了，这是有科学依据的。

我们在前文讲过，绝大多数情绪困扰都是由于次级情绪造成的，而负面的次级情绪几乎都是由于对初级情绪的负面评价产生的，也就是由于我们不接纳自己起初的情绪反应，而造成的一系列负面情绪体验。那些对自己情绪接纳程度比较高，对情绪的负面评价比较少的人，出现次级情绪的概率就会变少。这也就意味着他们在面对外界的变化和自己的不适时，没有那么多情绪负担，显得游刃有余，能够轻装上阵。甚至，他们受到别人的情绪影响的概率也会减小，毕竟别人的情绪还是通过影响我们自身的情绪而对我们产生影响的。这就是情绪接纳带来的正向循环。

反之，那些情绪接纳度比较低的人，可能经常会抵抗自己的情绪，于是在这个"抵抗运动"中就会内耗掉很多能量，而这些抵抗又进一步造成次级情绪的产生，结果内部"敌人"莫名其妙地越来越多了，而我们也在跟自己的对战中稀里糊涂地就把精力都消耗殆尽了。此时，如果外界再出现一些变化、刺激，我们就会感到分身乏术，更不用提再去调整自己的反应，而反应失当又使我们在生活和人际关系中进一步陷入困境。这就是情绪接纳度较低导致的负向循环。

因此，如果说到如何情绪管理、情绪调节、提高正向情绪、减少负面情绪、培养良好的情绪模式、改善负面的反应模式……

不论是哪一个，其内容几乎都必然包含情绪接纳，甚至以情绪接纳为核心。

怎样才是真正的接纳？

既然情绪接纳如此重要，那么怎样才算是我们接纳了自己的情绪呢？接下来就让我们来看一看"接纳"的定义。接纳实际上是由五个部分组成的：

1. 不企图。当我们接纳的时候，我们对于当下的场景和接纳的内容并没有什么额外的期待，也不试图通过接纳再获得什么。

2. 不回避。也就是把情绪摆到台面上，直面它，而不是逃避它、不想看见它。

3. 不评判。我们会额外有所求或者逃避面对，通常都意味着我们内心对于情绪存在某种评判——这不是我们对事件的评判，事件会有好坏对错，而是指我们对自己的情绪的评判。情绪是一种自然现象，本身是没有好坏对错的。

4. 能包容，或者说能耐受。它意味着当我们面对来自外界或自己内部的情绪刺激时，不会立刻条件反射式地应激，而是能够耐受一会儿这种刺激，类似于大家常说的"能 hold"（能控制）。

5. 真心情愿。这是接纳中最难把握的一点，也就是你需要是真心地接纳，而不是出于"我应该接纳"（强迫自己），"接纳是最好的解决方法"（功利主义），"接纳才能变成更好的自己"

（对当下的自我不接纳）等原因给自己"表演"接纳——毕竟，自己是骗不过自己的。

读完了这五点，你可以对照自己看一看，你平时是否能够接纳自己的情绪，或者自认为的自我接纳是否真的是自我接纳，还是可能是带着企图、回避或者其他成分的另一种自我否定。

从接纳自己的"不接纳"开始

读完了情绪接纳的定义，你可能已经发现了，情绪接纳并不容易。但我希望你能先做到部分理解、接纳自己目前的状况。你的情绪不接纳很可能并不只是你个人的"过错"或"不足"，而是由各方面的原因造成的。

如果回顾自己的个人经历，你可能会发现在自己成长的过程中，其实是缺乏情绪接纳的体验的，比如说你的父辈可能本身就不怎么接纳情绪，也许当你哭的时候，你的父母会责怪你"哭什么哭，有什么好哭的"，或者当你问他们是不是不高兴，他们表示"我没有不高兴，我好得很"。同时，如今的社会和职场文化也不太接纳情绪，如果你在职场上情绪表现明显，那么对方可能会觉得你"不职业"，或者更糟糕，认为你"不稳重、不可靠"，这种对情绪的负面判断也可能会被你吸收，变成对自己情绪的不接纳。

另外，不同的性别也可能在情绪表现方面受到限制，比如女性的愤怒情绪容易被认为是"撒泼",而男性的悲伤情绪则容易被认为是"软弱",这种社会对情绪的定义也会内化,成为人们对自身情绪的价值判断和接纳准绳。最后,由于所处的环境对情绪本身接纳度低,人们也更难从周围的人或者正式的教育中接受关于如何接纳情绪的教育和训练,也就导致了人们在这方面能力的匮乏。

幸运的是,就像所有情绪能力一样,情绪接纳的能力也是可以通过练习、学习提高的。接下来我们就用一些小练习来看一看,该如何接纳情绪,以及如何进一步提高这种接纳能力。

情绪接纳练习1——认识你的"接纳"

由于我们对"情绪接纳"本身不熟悉,单纯阅读情绪接纳的定义,有时候会让一些人陷入更深的困惑。到底什么时候算是接纳了情绪,什么时候又不算呢?陷入这些过度理性的分析经常会使简单问题复杂化,有时候当事人还会得出一些令人意外的偏差结论。解决这个问题的最好方式,就是自己去体验一次接纳。"接纳"是一种主观体验,只要你体验过就可以很简单地识别出来;这就像一旦你吃过糖的甜味,每次吃到糖的时候都能分辨出来,并不用进行什么分析推理。

每个人在接纳或者拒绝一个人、一件事、一种体验时,都会有一些自己独特的感受。下面就是一个帮助你了解和分辨自己的情绪接纳感受的练习，请在你没有过于强烈的情绪时，独自一个人进行。

　　找一个比较舒服的地方坐着，把眼睛闭上，首先做两三次深呼吸，然后感觉一下自己现在的身体感受，是觉得放松还是紧绷，烦躁还是平静？可以是你身体某一部分的感受，也可以是身体整体的感受，不论是积极还是消极的感受都没问题。

　　当你注意到自己的感受时，不论是什么感受，都尝试在心里轻轻地对这种感受说"No""不要"，尝试推开这种感受，有意不去感受它，企图让它消失。注意当你企图推开、拒绝你的感受的时候，身体是怎样的感觉？肌肉会变得紧张还是放松，胸口会觉得更舒畅还是闷堵，下颌会咬紧还是松开，头脑会变得更清晰还是混沌？那个感受本身又发生了怎样的变化，或者也可能没有变化？现在你体验到的，就是实际上不接纳的时候，身体会给出的信号。

　　接下来，做一次深呼吸，回到你此刻的身体感受上。此时你的感受可能跟说"No"之前一样，也可能不同，不论是怎样的感受都可以。然后，在心里默默地对此刻的感受说"Yes""好的""你来吧"。感觉说完这些话时，你的身体有怎样的感受？同样去注意你胸口的感觉，呼吸是否顺畅，四肢肌肉的紧绷程度，肩膀会耸起还是塌下去，下颌和头皮会紧张还是放松……可能你身体其他地方的感受也会发生变化。不论有怎样的感受，允许这些感受存在，尝试去了解你的身体对于"Yes""好的"的反应，你现在所感觉到的，很可能就是实际上在接纳时，身体会给出的信号。

在做练习时，不要预期你对 Yes 或 No 会有怎样的体验，比如，有些人一开始就会设定"Yes"的时候自己应该感觉"好"，而"No"的时候应该感觉"不好"。在身体感觉这件事情上，"好"或"不好"是一种过于简化的描述，并且如果预先设定了"应该"感觉到的感受，也就意味着你对实际感觉到的感受（只要它与应该的不同）已经在说"No"了，那么不论怎么做，你可能都只会体验到"No"的感受。尝试放开预期，允许你的身体有它自己的反应。毕竟这只是一个小练习，不会有人给你评分，你也不必非要控制自己把它做好。如果一次做得不好，那就在空闲的时候多尝试几次，不要给自己设限。

情绪接纳练习 2——接纳情绪困扰

大多数人都比较容易接纳正面情绪，或者说因为正面情绪如此容易被接纳，所以在它发生的时候，我们根本就不会注意到自己在接纳这件事情。但负面情绪就是另一回事了。我们大多数人对待负面情绪或多或少都有厌恶感，或者想要回避的想法，因此在情绪接纳练习中，学习如何接纳负面的情绪感受就是重中之重。下面就是一个帮助你学习接纳负面情绪感受的练习，请在独自一人的时候尝试练习。

找一个你觉得舒适的姿势坐好，你可以把眼睛闭上，或者如果需要一边阅读以下内容一边做也没有关系。记得把主要的注意力放在此刻的身体感受上，比如身体随着呼吸的起伏，或者后背与座椅接触的感觉，把你的关注点从外界刺激拉回到对此刻自己身体感受的觉察上。

接着，你可以回想一件近期发生的负面的事情，不建议去想特别重大的负面事件。如果说特别重大的负面事件的严重度是10分的话，那就想一个严重度在3~5分之间的负面事件。比如说，最近与同事的不愉快，或者和家人的一些小小的不顺心。尽量详尽地回想整个事件的过程、过程中你的感受，以及你对这个事件的看法。

然后觉察你此刻的身体感受，可能跟刚才已经有了一些差异，现在呼吸和心跳的频率还一样吗？腹部肠胃的感觉如何？腿部的肌肉是紧张还是放松？肩膀呢？也许你会注意到头脑发涨，或者身体其他区域的酸痛。这时，把注意力放在身体感觉最明显的区域，尽可能地带着好奇去探索那个感觉，去感受它的强度和质感，比如可能是麻麻的、发酸的，也可能是沉重坚硬的，或者紧绷的，感觉可能会随着时间而变化，也可能是持续不变的。

不论这个感觉是否强烈，或让你在多大程度上感觉不适，你都可以试着在内心允许这个感觉在此刻存在，并在感受到这个感觉的同时，继续呼吸，继续觉察。如果对你有帮助，你也可以在心中默默说："这个感觉现在已经在这里，觉察它是OK的，让我觉察它，了解它。"这样来帮助你发展对这样的事件和情绪所带来的身体感觉的觉察。

如果感觉过于强烈，让你觉得难以承受，那么就把注意力拉回到呼吸上，或者你在阅读的这段文字上，让自己休息一下。在觉得放松一些之后，你再重新尝试去觉察此刻的身体感受。此时你的身体感受可能已经变化了，或者跟刚才类似。如果刚才关注的感觉消失了，而有其他强烈的感觉生出，那么你就可以把注意力移到下一个强烈的感觉上。每次这样做5~10分钟，你可以在任何有空当的时候进行练习。

这个练习相较前一个练习要困难很多，因此不要期待自己在一开始就可以做得很顺畅。不愿意做练习，在练习的时候难以耐受负面的感受，或者只要一开始尝试感觉就突然消失得无影无踪……这些都是在练习中很常见的现象，它们所反映的是当事人情绪处理的模式。比如，不愿意做练习的人通常对自己的负面情绪也较为拒绝，而一关注感觉就消失的人则通常对感觉本身也比较回避，还有一些人越做练习感觉越难受，那是因为在不知不觉中习惯性地企图控制自己的感受，结果就越来越紧绷窒息。

改变人的情绪模式不是一朝一夕的事情，甚至可以说如果一个人的情绪模式在转瞬间就能变化，那会是更糟糕的事情——这意味着他的情绪模式随时都会发生变化，不具有任何可靠性和稳定性。因此，在培养自己的情绪接纳方面，务必保有耐心。一件可以确信的事是，只要你练习，就必然会有收获，虽然成果在一开始不那么明显，但日积月累就能看到改善。

即使你只是在想起来的时候临时做一两次也完全可以，不要给自己设定过高的练习目标，也不要限制练习的场合和条件，这种练习没必要正襟危坐，毕竟负面情绪又不是在你正襟危坐的时候才出现。把这当成一种日常活动，甚至是休闲活动，把它加在你冗长的"对自己好一点"列表里，在你吃完甜点、刷完剧、打完游戏后做一下，都是很好的。

3.3
自悯：做自己最好的盟友

自悯是给自己的阳光

每个人接纳自己情绪的能力不同，有些人很容易接纳自己的情绪，有些人则很难做到。在学习情绪接纳和管理时，每个人的学习状态也不同，有些人能够允许自己慢慢梳理、掌握自己的情绪，而有些人只要一两次尝试失败就会自责，甚至彻底放弃。这种不同，很大程度上源于每个人对待自己的态度不同。有一些人对自己更友善，而另一些人则自我厌恶。

研究显示对自己更有爱心、更友善的人，在逆境时通常情绪体验会更好。几乎所有人在成功顺遂的时候都会心情愉悦，但在挫败低谷中的心境，才决定一个人真正的情商水平。对待自己友善就像身边有一位挚友、头顶有一束阳光一般，因此即使在绝境中也会给自己留有一份积极的体验，于是能够保持内心的平稳。而这种积极的能力，或者说这种对自己友善的态度，我们就称之为自悯。

自悯是更高一层的接纳，它不仅接纳情绪，也接纳思维、感受，以及我们自身的种种优势和不足，可以说是对自己全方位的接纳和友善。有趣的是，与许多人担忧的不同，这种对自我的全面接纳不仅不会造成懒惰、停滞和不思进取，反而经常成为改变的起点、动力的源泉，因为它给改变提供了一个绝对不会走偏的基点，一个真正合理且正确的理由——为了爱和关怀，而不是因为被逼无奈、自我厌恶或逃避过去。

当一个人是出于自悯而想要改善自己的情绪，改变就像走在阳光下的大道上，开阔而顺遂。因为我们每个人都喜欢体验到关怀，并且也愿意回报关怀。反之，如果我们是出于自我厌恶而企图改变，那么就像摸黑走夜路一样，会举步维艰，因为你的每一步都是在与自我作战，而你强大的自我也会想尽一切办法给你落井下石。

在生理上，自悯也会使我们拥有更积极的情绪体验。研究显示自我批评和苛责就像来自他人的批评一样，会诱发我们的压力反应，导致压力激素皮质醇的分泌，带来更多的焦虑和紧张。反之，自悯中的自我友善则能够诱发大脑释放"爱之激素"——催产素，这种激素能够使我们感到更加安全，并且能够减少焦虑和恐惧情绪。

另外，自悯还普遍对人际关系有帮助。因为我们挑剔别人的原因，通常也是我们不能容忍自己的地方；我们回避别人的原因，通常也是我们对自己会感到不知所措的原因。自悯能帮助我们建立与自己的良好关系，间接地，也就会帮我们建立与他人的良好关系。而关系顺遂了，我们的情绪也会更好，这一点在后文中还会讲到。

自悯的组成部分

自悯由三个部分组成。第一个，也是最显而易见的部分是"自我友善"。自我友善指一种对自己友好、不过分评判苛责自己的态度。我们可以想象一下，如果自己考试考砸了，而朋友立刻就来奚落、贬低，质疑我们的价值和能力，会有怎样的感觉？肯定感觉很难受，而且觉得朋友很过分、很不友善，这其实就是我们经常对自己做的。反之，如果同样是考砸了，朋友走过来跟我们说："这个考试确实挺难的，你现在一定很沮丧，不过你之前的复习准备确实也不充分。"并且鼓励我们下次更努力些——这就是一种友善的方式。如果我们很多人对自己有这种程度的友善，而不仅仅是单纯评判自己的经历，惩罚自己的过错，那么我们的生活体验恐怕会好得多。

自悯的第二个组成部分是"普遍人性"，指的是我们认识到，自己和所有人一样会经历痛苦和挫折。虽然每个人所经历的困苦不同，但就"会经历困苦"这件事本身来说，所有人都是一样的。不论多么富贵或穷困，不论多么聪明或愚蠢，都不可能没有经历过许多挫折或失败，没有失去过对自己重要的人和事物。而正是因为我们知道，这世界上根本就没有一个人有所谓"完美的体验"，所以才可以接纳自己会有不完美的时刻，有抑郁、焦虑、羞愧、愤怒这些世间每个人都会体验的困难情绪。我们在面对这些情绪的时候，也才能更加平心静气，把它们当成人生的有机组成部分来看待，而不会过度纠结。

自悯的第三个组成部分是"正念"。我们并没有在本书中详细讲解过正念，但正念与我们所讲的情绪觉察非常近似，也就是在日常生活中尝试对自己的体验有所觉察，并对自己的体验保持中立的态度，即我们既不夸大自己的痛苦，也不压抑或低估自己的困难。比如，当你丢了工作的时候，大概不想有个朋友哭天抢地，表现得好像你得了绝症似的；如果你的朋友表现得轻描淡写，好像那都不是事儿，恐怕也会让你感到沮丧或不爽。而你要做的就是成为自己的一位不偏不倚、态度中立的朋友，承认痛苦的存在，并如其本来面目地认知它。

友善、如实地看待我们经历的痛苦，明了它是人类普遍经验中的一部分，在痛苦的时候陪伴、关照自己，带着这样的态度自我照护，这就是自悯了。

自悯练习

与情绪接纳一样,自悯是一个相对抽象的概念,如果只从理念上去分析它,会很难掌握它的实际意义。对于新鲜概念,最简单的学习方式仍然是去体验它。以下是一个经典的自悯练习,你可以试试看,体验一下自悯是怎样的感受。

首先找一个比较舒适的地方坐好,把注意力放在自己的身体和呼吸上,感觉你此刻的身心状态。你可以感觉一下脚部和地面接触的感觉,或者身体随呼吸起伏的感觉,只要让你的注意力回到自身就可以。

接着,想象一个你感觉对他有爱心的对象,可以是你熟悉的一位好友,或者你尊敬的一位老师,要注意这个对象不能是你爱慕的对象,或者跟你有很近的亲属关系,我们在这里不是要体验爱情,而是爱心。如果找不到合适的熟人,你也可以选择猫、狗或者小孩子,只要是能让你产生爱心的就可以。

在心中想着这个对象,不一定要能想象出他实际的样子,只要念想着就可以。然后在心中默念"祝愿你幸福"或者"祝愿你健康",一两句简单的祝福语就可以。你也不需要考虑他们是否能收到,只需要专注在默默祝福和散发爱心上。重复去祝愿他,然后注意当你祝愿时身心的感受,这样做2~3

分钟。

接着，注意力回到自己身上。以同样的心情、同样的方式，对现在的自己散发爱心与祝愿。你可以对自己默念"祝愿我幸福""祝愿我健康"。即使一开始有些困难，或者感觉有些假也没关系，坚持持续不断地祝福就可以。如果你产生了其他任何想法，那么先让注意力回到对自己送出祝愿这个活动本身上，其他的想法可以在练习之后再琢磨。

做完练习后，觉察你此刻的呼吸和状态相比练习之前有什么相同或不同。

自悯和情绪接纳一样，是一个更为进阶的练习，如果你在练习中感觉不顺利，请把这当成一种正常的现象。不少人会发现对自己根本爱不起来，或者一开始根本就体验不到爱心，这是自悯匮乏的表现，但不必过度担心，多加练习自然就能慢慢掌握。另外，也有一些人在做自悯练习时会情绪极端激动，陷入自怨自艾的状况，为自己感到可怜、痛哭流涕，这常常是陷入了某种自我中心的陷阱。注意我们在自悯中并不孤独，在世界上有其他人和我们在体验类似的痛苦，但这并不意味着你的痛苦不是痛苦，只意味着你并不是唯一孤独受伤的人罢了。

3.4
驾驭情绪：
应对日常情绪的挑战

焦虑情绪：与思维"为敌"

　　焦虑情绪是最为常见的情绪困扰，它很容易激发，且持久存在，而且相当容易复发。对于许多被焦虑困扰的现代人来说，焦虑就像日常生活中的噪声一样无处不在，只要注意力没有被别的任务吸引住，稍一停歇就会注意到，并因此心烦意乱。很多人为了回避焦虑感，就会不停地给自己找事情做，想要转移注意力。然而逃避焦虑很少能解决问题，认识焦虑的产生原因，并从源头下手，才是缓解焦虑的长效之道。

客观看待思维的意义

虽然压力性事件可能来自外部，但焦虑的念头和感受本身就在我们的头脑之中，随时与我们在一起。尤其容易焦虑的人大多数是脑力工作者，他们每天都在思考，大脑非常善于创造各种各样的念头（包括焦虑的念头），并且他们非常看重自己的念头，结果就被焦虑思维控制住了。

对于这些人来说，要想减少焦虑，需要客观看待思维的意义。他们需要意识到一个最基本的事实，即想法不等于他们自身，也不等于外界事实，想法就只是想法，是一个心理事件，是大脑的神经活动的结果，是大脑受到刺激后产生的一些特定电信号，如此而已。它帮助人们分析和理解事实，但如果把想法的内容本身等同于事实，则是不符合实际情况的。

一个可以帮助你体验到想法和念头本质的方式是认知解离，也就是尝试区分自己的意识和特定的想法，帮助自己将想法看成客观发生的事件、头脑中的自然现象。如果想法是一个客体，而不是沉溺其中的一种氛围，甚至干脆就被认为是你的自我，那么焦虑和焦虑想法的管理就会变得简单得多。下面是认知解离的两种常见练习方式。

方法一：

首先回想一个你最近有过的负面想法，最好是一个对自己的评判，对事情的判断也可以，比如"我什么都做不好""事情绝对不可以失控""没有人喜欢我"。然后在你的脑中想象一块屏幕,把你想的这句话打上去,就像在电脑屏幕上Word里面敲了一行字:"我什么都做不好。"接着,开始在想象中修改它的字体,你喜欢仿宋、雅黑还是小篆?或者每个都改一下试试看。你还可以在想象中修改这行字的颜色,改成鲜红、嫩绿、荧光黄、雾蓝……你也可以参考一些艺术字体,把它变成空心的、闪光的、扭成一个环的,或者近大远小、左大右小。在你做完这些调整后,再回头看看这个想法,你可能会发现自己根本就感觉不到这句话之前对你来说的意义了。它变成了一个物件,可以随你操作,而不是你人生中一个看似重大的事实。

方法二:

同样回想一个你最近有过的负面想法,但是这一次把你的想法用《生日快乐歌》或者《铃儿响叮当》的旋律唱出来,总之找点欢快的旋律。你通常一定是很严肃认真地看待自己的想法的,现在请尝试以轻松随意的方式唱唱看。只要大概合着调子唱下来就可以,而歌词就是想法的无限循环。如果你觉得顺口还可以多唱几遍。唱着唱着,你可能就会开始感觉这种唱法非常无聊,甚至可能会发现你的歌词也很无聊。你的想法开始回归它本身真实的样子——它就是一个想法,而不是对你的定义或者对你未来的预言。

应对常见思维误区

当你意识到想法是一种客观现象，而思维只是大脑的一种自然机制后，就可以着手去了解这种机制如何运作，并分析它在何时以何种方式会对我们有帮助，又会在何时以何种方式给我们造成困扰和麻烦。继续采纳那些合情合理的想法，同时减少在误区思维中的投入，你的焦虑程度就会逐渐降低到一个合理的范围内，减少不必要的庸人自扰。下面是一些常见的思维误区：

- 非黑即白：绝对化的思维方式，一件事情不是好就是坏，不是对就是错，不是成功就是失败，不存在灰色区域，不存在未知因素。这样二分法的判断方式经常会带来极端的情绪反应，因为事情不是 100 分就是 0 分，潜在心理落差过大，心态就很难保持平和。避免这种思维误区的一种方式是以百分比考虑事情，比如这件事情是 30% 成功，那件事情是 50% 错误。

- 以偏概全：或称以点带面，也就是从一个特例轻易推广到全局的思维方式。比如，一个表格没做好就觉得自己什么都做不好，一次社交被拒绝就认为对方讨厌自己。每个人在生活中都会有挫败，以点带面的方式会使每个挫败都变成整个人生的巨大失败，造成极大的心理压力。在这种情况下，可以尝试举出反例，或者换一种方式（比如从他人或者成长性的视角）给自己讲故事，有时可以帮助你摆脱这种误区。这并不意味着你之前没有失败，只是说明你的失败并非本质性、决定性的。

● 否定积极：焦虑的人未必不会有积极的体验，但他们很容易认为这些积极的体验都不算数。别人肯定自己是出于礼貌或者不了解自己，自己的资源肯定不如别人的资源有用，自己的成功不是不值一提就是纯粹靠运气……总之，自己把所有积极、安定、支持性的事物都破坏掉，结果就更容易感觉心里没底、脚下踩空了。避免这种思维误区的方式是客观合理地看待自己的成功，比如想象如果自己所拥有的发生在另一个人身上，自己会如何看待——这时候你可能就会发现自己所拥有的还挺好的。

● 思维过滤：思维过滤与否定积极是一对相伴而生的思维模式，否定积极的要点在于积极的都不算，而思维过滤的要点在于消极的全都算。有思维过滤模式的人只看重生活中消极的部分，甚至会拿着放大镜去看，于是一分的糟心事变成了五分、十分甚至一百分，彻底占据了当事人的思维。虽然存在的问题确实需要尝试解决，但如果把所有的注意力都放在消极问题上，那么一方面可能会与事实情况产生偏差，没能客观看待生活中积极和消极部分所占比重，另一方面也可能让我们忽略了自己所拥有的优势和资源，导致生活中消极的部分更难解决了。——理解这种思维模式的负面后果对减少这种思维模式非常重要，如果当事人意识到自己在做的事情毫无益处，聚焦消极的动力就会下降。

- 情绪推理：当事人习惯根据自己的心境评判外界的事物。简单地说，通常一个人会在事情顺利时感觉开心，在事情不顺利时感觉不开心。但对习惯情绪推理的人来说，这种思维是反过来的，也就是当他不开心时什么事都不好，他开心时则什么事都好。这种完全脱离客观事实的思维方式会放大情绪，一旦当事人有微小的焦虑，就会通过情绪推理逐渐推论到他的整个人生都崩溃掉。避免情绪推理需要从关注事实开始，不论怎样的判断，都需要足够的事实证据才能确定。

- 直奔结论：很多人在成长过程中大概都听到过类似的推论——上不了好小学就上不了好中学，上不了好中学就上不了好大学，上不了好大学就找不到好工作，找不到好工作结婚养老就会成问题……最后结论是上不了好小学你就完了。这就是我们说的直奔结论。这种高度简化的推理方式完全忽视了过程中的所有不确定变量，放在现实世界里基本接近于胡乱猜测，而且破坏性很强。它经常让人如惊弓之鸟，生怕犯一点小错，又会让人在还没努力前就像泄了气的皮球。认真考虑自己的推论中包含多少个步骤，每个步骤又有多少不确定性，以及每个相关因素成功或失败的概率，会帮助你回到更现实的思维方式中。

应对思维误区最简单的方式是记录它们。通常每个人都会有自己习惯的思维误区，当这些误区出现时，把它们记录下来。你甚至不用记录自己实际上想了什么，只需要记下你又这样想了一次就行了。仅仅对思维误区有意识，就可以降低自己因思维误区而陷入困扰的次数。

如果你经常出现情绪推理，那么你就可以在每次情绪推理时给自己画一个"正"字，或者在手机上找个计数 APP 记一次数。这样很快你就会熟悉情绪推理，每次它一出现，你就能立刻发觉，就好像每次一走到陷阱旁边，你就看到陷阱了。

如果记录不足以帮助你减少误区，那么还可以尝试参照每条思维误区后面的改善方案。这会比单纯注意到思维误区要更有挑战性一些。你要记得自己并不需要摆脱某种思维方式，而是需要多学几种思维方式，以便每次思考的时候可以有更多种选择，能够根据每次的实际情况选择更有效的思路。

接受生活中的不可控性

绝大多数人焦虑的本质，是对不可控和不确定的恐惧和厌恶。焦虑的人总是在思考、谋划未来，希望自己能够将其中的所有不利因素消除，不消除就无法安心，因此才会过度关注生活中负面或者还未确定的部分，每天如热锅上的蚂蚁。

事实是，我们不是全知全能的神，根本就不可能提前预知所有的事情，或者控制每一件事情都向着我们所希望的方向发展。生活中的不确定和不可控，向我们展现了我们作为人的有限性。

我们可以选择否认这种有限性，继续殚精竭虑地试图做一个"全能的神"，并因此饱受因失控和未知而感到恐惧的折磨；或者我们也可以选择接纳这种有限性，允许事情在一定范围内不可知、不可控。

在人生的某些时刻，我们甚至全然不知道有怎样的未来在等待着我们，全然无法控制在我们身上将发生什么。这样的时刻是存在的，在每个人的生命中都存在，毕竟生老病死中有太多的不确定、不知道。你当然会为自己的生命做力所能及的事情，当你面对超越自身限度的未知和失控时，比如考研却不知道结果会如何、生病不知道什么时候能康复、联系客户却迟迟得不到答复……甚至你会发现身边有许多很小的事情，都是无法事先知道和控制的。这时候，你就要回到情绪接纳和自悯的练习中，它们会帮助你在自己不能掌控之时，仍能安然面对。

抑郁情绪：找回活力

抑郁与焦虑经常是一对相伴而生的情绪，原发焦虑继发抑郁在临床上颇为常见。简单来说就是一个人一开始是焦虑，焦虑了一段时间以后生活质量下降了，心理能量耗光了，就抑郁了。在处理抑郁情绪的时候，需要回想的是一开始你是怎么抑郁的。如果一开始是焦虑，那么你应该研究一下焦虑的解决方案，有时候缓解了焦虑，抑郁也就自然消失了。如果一开始就是抑郁，那么可能就要尝试以另一种完全不同的视角来处理自己的抑郁情绪问题了,下面我们就来看看抑郁情绪的改善方式。

减少压力,但不要停

前一节我们曾经提到过,抑郁是一种心理发烧,也就是说当我们抑郁的时候,意味着心理生病了,主观体验到的压力太大了,身体发出了预警信号。此时,要分辨你的压力是来自外部还是内部。如果主要是外部压力造成的,比如工作压力太大,家里家外顾不过来等,那就需要考虑主动减压,比如跟领导沟通、换岗、辞职、和家人协调家务分配等。

我曾经有来访者因工作压力太大而情绪抑郁,身体也出了很多问题,但就是表示放不下手头的工作,毕竟再坚持一年工资就能翻倍了。我告诉他:看病也是很花钱的,并且建议他去具体了解一下各种潜在疾病的就诊费用。后来他很快主动换岗了,因为疯狂加班带来的潜在经济损失远抵不上它的经济回报,一倍的工资在 ICU 里根本花不了几天。

同时,我也不建议你为了减压彻底不去上学或工作,即使辞职、休学,最好也去做其他一些规律性的事情,比如志愿者服务、兼职、校外课程。绝对不要整周整周地躺在家里不动。真正的抑郁是休息不好的,只有动起来,与外界有接触,身体才有机会分泌血清素、多巴胺、内啡肽这些让我们感觉好的神经递质和激素,才能逐渐消除抑郁感。而且,参加规律性的活动还可以避免抑郁中经常出现的昼夜颠倒、起居混乱，以及随之而来的内分泌失调，可以说一举两得。

当然，也有一些朋友的压力主要来自内部，也就是说外部并没有什么特别严重、糟糕的事情，但自我感觉非常糟糕。这说明当事人应该是出现了冗思，也就是过度、持续地进行负性思维。在应对抑郁时，分析思维误区的效果经常不尽如人意，试图用思考解决问题常会把当事人进一步拉入冗思中，反而成了当事人自己跟自己的脑内缠斗，更加消耗精力。因此相比在思维中找方法，在行动上找方法才是抑郁的解决之道。

活动、运动、行动

抑郁的人需要动起来，并且需要通过自己的行动尽快看到积极的结果，或者很快能让自己感觉"好"。延迟满足是一种特别不适合抑郁者的自我管理方式。很多抑郁的人容易跟自己较劲，觉得为什么别人撑得住，我就撑不住？为什么这么简单的问题我都解决不了？这显然说明我能力不行！然后继续苦思冥想。然而，抑郁会让一个人的问题解决能力下降，可以说在抑郁的时候，脑袋就是比平常要反应慢个几拍。这种情况下，在内心进行深刻的自我批斗并不会帮你解决任何问题。如果真要解决什么问题，不如先缓解一下抑郁，等不抑郁了，头脑清楚了，可以再回头琢磨人生的重大问题。

那么抑郁的人需要做什么呢？首先，出门晒太阳。这算是一种光照疗法。最好早上能起来晒，如果起不来，那么中午、下午也可以，最好到室外，并且不要戴帽子，以便晒到额头。可以晒半个小时到一个小时，在这个过程中还可以遛遛弯。抑郁的人经常会觉得自己很累，出不了门了，出门也走不动，这些其实都是大脑的错误信号。只要出了门，走着走着就自然会有力气了。可以指定去一个远一点的面包店买一个蛋挞，或者到喜欢的奶茶店买一杯果汁，给散步定一个有奖赏性的目标会让整个过程更顺利。

其次，参加一些艺术、表达、创造性的活动也是很好的尝试，这可以让你的情绪"动起来"。这也是心理咨询中会采用绘画、舞蹈、诗歌、陶艺等方式的原因之一，而你完全可以自己着手尝试。可以自己买点蜡笔或者水彩，以自己的感受为题尝试着随便画画；也可以写篇散文或者诗歌抒发一下自己的心情；如果有些节奏感，你也可以听着自己喜欢的音乐起舞，或者单纯地左摇右晃，把自己郁闷的心情发泄出来。当然，如果确实有一个你非常讨厌的人，那么用一个垫子代表他，或者把他的名字挂在飞镖盘上，去打，去扎，通过这样的方式泄愤也是个不错的主意。不要评估自己作品的优劣，或者评判自己行为的好坏，注意你所有的目的都只是动起来而已，只要没有伤害到别人，那就不用太在意方式和结果。

再者，如果你有能够交心的人，跟他们聊聊天也是不错的选择。不要怕给别人添麻烦，有人会相信自己、愿意跟自己说心里话，对于绝大多数人来说是一种奖赏而非负担。或者你也可以在网上找一找和自己有类似困扰的人，比如去情绪问题相关的论坛、心理公众号举办的活动，或者加入情绪管理课程的微信群。可能当你说出来才发现，并不是只有你一个人有这些负面想法，其他很多人也有过，甚至可能还有人经历了比你更严重的抑郁。这会减少你的隔离感，帮助你的情绪流动起来。

下面是你也可以考虑的一些小活动，不时从里面抽一个来做，会有助于你的情绪改善。

小贴士：自我照顾活动清单

- 去做一次按摩，让自己放松一下
- 点一支蜡烛，把自己裹进温暖的毯子里
- 熏一些精油，比如玫瑰、天竺葵和佛手柑
- 听自己喜欢的音乐，或者出门去听音乐会
- 看自己喜欢的电影或电视剧
- 读一本激励人心的书
- 祈祷
- 大哭一场，然后喝点盐水，好好睡一觉
- 整理房间或者自己的收藏品
- 拼拼图、乐高或者手办模型
- 走到大自然中去，或者去公园摄影
- 去健身房做一次运动，好好流一次汗

- 洗个舒服的热水澡
- 种点好养的花草，照顾植物
- 去唱KTV，把郁结的心情都唱出来
- 学一种简单的乐器，比如卡林巴拇指琴、陶笛
- 去做一次美甲或者剪发
- 养一只宠物，跟它玩
- 晚上出门看星星
- 去玩密室或者狼人杀等推理游戏
- 去你所在城市的图书馆或博物馆

平衡日常生活安排

除了让自己动起来和不时给自己找奖赏性的事情来做，你也需要尝试重新去安排自己的生活。我们说过在一个人心理能量过低的时候就很容易感到抑郁，所以你需要有意识地安排自己的生活，让你的心理能量不会轻易消耗到会造成抑郁的程度。

你可以通过以下方式来重新规划生活：

1. 把你每周会做的事务全部列出来，尽量列得细致一些，包括工作学习中的任务（如给客户打电话、背单词、做报表等）、家务活动（如打扫房间、做饭、去学校接孩子等）、个人事务（如吃饭、睡觉、洗澡等），以及其他休闲活动（如看剧、逛街、练瑜伽等）。写的时候不要过于笼统，至少细化到20件事情，最

好能达到 30 件左右。

2. 接着把所有事务根据做完后的体验分成三类，分别是：

a. 奖赏性事务：做的过程中或者做完后会感觉快乐、满足，给你带来短期积极体验，或者符合你的价值观，让你长期感到充实的活动。

b. 掌控性事务：虽然做完了并不会特别开心，但你做起来比较顺手，因此并不花什么心力的事情。

c. 消耗性事务：做的过程中会消耗心力，做完后你经常感到非常疲惫，或者需要调动大量心力才能迫使自己去做的事情。

3. 接着看一看在一周或者一天之中，你的这些事务是如何分配的。你可以把它们填到一个日历或者周历上，看一看你每天要做多少消耗性的事务，又可以做多少掌控性事务，以及享受多少奖赏性事务。如果有帮助，你还可以把事务通常所花的时间列在后面，帮助你更清晰地看到自己每天会消耗多少心力，又会得到多少补充。

4. 尝试调整事务安排的日期和时段，尽量在消耗性事务之后安排一些奖赏性或掌控性的活动。最好每天都安排一些让你感觉放松或者愉快的活动，如果在一天之内难以安排，那么在一周之内也务必安排一些。有些时候奖赏性的活动可能并不是对你个人发展来说最有建设性、生产力的活动，但提醒自己所有电池都需要充电，你的心也是一样。没有什么设备可以无限续航，永动机根本就不存在，如果你今天不愿意腾出时间给自己的心充电，明天它就能通过抑郁让你彻底"宕机"。

愤怒情绪：理解激情的代价

　　焦虑和抑郁会导致暂时性易怒，这类愤怒会随着焦虑、抑郁问题解决而自行消失。单独的愤怒情绪问题颇为独特，与焦虑和抑郁这类慢性情绪问题截然不同，因为一个人可以整天都焦虑，但很难整天保持愤怒。作为一种更具有应激性的情绪，纯粹的愤怒通常来得快、去得也快，所以不太容易持续在主观上造成困扰。并且在中华文化"以和为贵"的教育下，多数人也都倾向于不把自己的愤怒过于明显地表现出来，或者紧抓着自己的愤怒不放。

　　因此，绝大多数有明确愤怒问题的人，与其说本人受到情绪的困扰，不如说是周围人因他的情绪问题而感到困扰。毕竟大家好端端地在那儿过日子，偏偏旁边有个人时不时突然大发雷霆、暴跳如雷，只要他不好谁也别想好，这实在太影响大家的生活质量了。因此多数开始考虑解决愤怒情绪的人，都是被周围的人抱怨得烦不过，或者是由于自己的脾气给人际关系造成了巨大损失，才愿意反躬自省。也正因如此，愤怒情绪问题解决的真正难点，在于当事人是真心诚意地想要解决这个问题，还是只想显示自己为此做点什么，从而减少周围人的不满与抱怨。

　　要想让一个人确立解决愤怒情绪的决心，需要培养他的共情能力，让他意识到愤怒的代价。最简单的方式是通过换位思考，即让当事人想象有另一个人每天像他对别人发怒那样对他发怒，考虑他会有怎样的感受，对对方会有怎样的看法，以及未来可能会对对方有怎样的行动。如果当事人一口咬定"那都不算事"，也就意味着他根本没有任何意愿想要变化，那谁也没办法。如果他有一些变化的打算，就会发现愤怒的代价。自以为是的愤怒会破坏人的社会关系，让他失去亲人和爱，因为没有人敢靠近他，也没有人有胆量去爱他。即使最初拥有爱，最终也会被他的愤怒烧成灰烬，剩下的只有责任、利益、恐惧和漠然。

另外，也有一小部分人的愤怒问题是由于情绪觉察能力低下，即不是他不愿意解决愤怒问题，而是他根本反应不过来。对于这些人来说，3.1 中的情绪觉察练习会有很大帮助，只要有充足的练习，提前觉察到愤怒是指日可待的事情。

接下来，提供一个可以帮助改善愤怒情绪的练习。你会注意到这个练习和我们第三部分一开始讲的内容有很强的关联性，如果你有意愿，那就试试做做看吧。

当你感到愤怒时，请尝试如下步骤。你也可以回想一些曾经令自己愤怒的场景，然后在感觉到愤怒时演练以下步骤，帮助你熟悉流程，以便更好地运用在实际场景中。

1. 首先认知自己目前的愤怒情绪，注意到你现在愤怒了，夸奖自己尽早注意到它的出现了。

2. 接受你此刻的愤怒感受，尝试不评判地对待这件事，也不刻意去压抑或夸大。不需要对自己说"你不应该愤怒"，但也不需要对自己说"你就应该愤怒"。

3. 观察随着愤怒你的身体产生的变化，比如温度升高、心跳

149

加快、呼吸急促、牙根紧咬等。当你有评判性的念头时，关注它们对你的身体感受造成的影响，比如某个念头让你脸颊发热了。

4. 在心里退一小步，事实上你只需要想象在内心和愤怒情绪拉开一两厘米的距离就可以。不要试图远离愤怒，毕竟它现在还在这里，但也不必往火坑里跳。尝试稍微拉开一点距离，对自己的情绪反应保持中立，明白这只是你身体发生的一种反应，你可以认同它，也可以让它自然发生，自然结束。

愧疚：心灵吸血鬼之死

愧疚是我们在情绪管理中单独涉及的最后一种情绪，同时也是所有情绪中最难应对的情绪。严格来说，并不存在对愧疚的"情绪管理"，愧疚情绪需要的是学习和释放。从过去的经验中习得必要的人生经验，然后允许这种负面情绪离去，恢复积极肯定的自我感——这就是愧疚的自然消解过程。

然而在现实中，这一过程经常被打断，愧疚情绪甚至会被刻意保留下来。人们以为这可以使他们自己或他们的子女更上进、更听话、更正直，或者具有别的更好的品质。事实恰恰相反，持久的愧疚更像心灵的吸血鬼，它不可言说、无法触及，在内心的暗处作祟，在无形中耗尽一个人的生命力，使他成为一个干瘪的空壳，无法热爱生活，也不敢去真正生活。他们永远只能扮演那些自认为他人可以接受的角色，但这种扮演并不会给他们带来任何持久的满足感，因为任意一点来自他人的肯定和爱意，都会迅速被他们内心的吸血鬼吸光。我有不少来访者在谈话中描述道：他们内心有一个黑洞。这个黑洞有相当一部分就是由羞愧和内疚组成的。

吸血鬼虽然强大，但普遍有一个软肋，就是它们都怕光。只要被阳光一晒，就会无所遁形，立刻化作一股白烟消失殆尽。而愧疚的解决方案，就是阳光。在心理上，阳光指的是他者的中立或者积极的关注，对方不需要大张旗鼓地支持你，但至少不会因你所携带的愧疚而故意伤害你。然后，愧疚就可以被从它躲藏的阴暗角落里揪出来，重新在他者面前被观察、分析、接纳和释放。

不过，这也指向了愧疚与其他情绪处理在本质上不同的地方：作为一种纯粹的社会性情绪（在无社会条件下无法发生），愧疚必须在关系中才能解决，它是唯一一种不能单纯通过独立思考、练习、调整彻底消化解决的情绪。这显然也为它的解决引入了更多复杂性和不确定性，但是我们仍然可以为它的解决做一些准备，并有意识地主动寻求释放它的机会。

减少应激

处理愧疚的第一步是减少应激。相比焦虑、恐惧，愧疚其实才是人类情绪的"应激之王"。当你恐惧、焦虑时，大体上还是会记得自己在担心什么，而且你可能还会来回想。但在你羞愧时，大脑经常是一片混乱，恨不得最后下一秒就根本记不起来上一秒在羞愧什么，而且有些人真的下一秒就记不起来了。人们会像受惊的兔子一样蹿起来，做出揉脸、抠手、拿头撞墙、自我诅咒等举动，恨不得把整个意识的电闸都给拉了——而这就是"吸血鬼"要的"彻底的黑暗"。一旦你拉闸，后面就是它的主场了。

在那一瞬间忍住不去拉闸是一件困难的事情，但你必须要做到。可以通过扩大注意力范围做到这件事。注意，不是转移注意力，而是有意识地注意更多的事情，并且最好你注意到的其他事情都是相对中立的。以下是这种操作的简单练习方式。

回想一件让你感觉羞愧的事情，不建议去想特别重大的负面事件。如果你最严重的羞愧感是 10 分，想一个让你感到 3 分到 5 分程度的羞愧事件，比如你在同事面前出的丑，或者被不熟的人在公开场合骂了两句。注意你的身体感觉，你可能会发现自己的身体正在僵住，呼吸变快，脸颊发热，意识范围逐渐缩小，没办法注意到周围，或者有一种普遍的浑身不适，有点像蚂蚁在身上爬的感觉。

接着，注意全身上下有哪个地方目前没有彻底被这种感觉覆盖，比如你的耳朵尖、臀部、脚趾、膝盖，甚至手指甲。不用考虑你所注意到的地方究竟是不是能有"感觉"，只要那个地方的感觉没有那么糟就可以了。把一部分注意力分去觉察那个区域。如果羞愧感特别高，你就可以多分一点过去，比如 80% 的注意力都在中立感觉上；如果羞愧感比较低，就可以少分一点，比如只有 30% 的注意力在中立感觉上。如果你不会按比例分，注意力来回跑也是可以的，也就是说注意一下你的羞愧感，注意一下中立感觉，再注意一下羞愧感⋯⋯在这个过程中，你维持了对羞愧感的注意，同时也没有彻底被它淹没，这就算练习成功了。

建立健康的联结

在减少应激的基础上，你需要找到适当的关系，来帮助你研究和释放愧疚情绪。

最理想的方案是家人和朋友关系。和那些曾经激发你愧疚情绪的人握手言和，得到他们的接纳和肯定，或者可能是他们真诚的道歉——他们承认自己当年做错了，并邀请你重新评估自己。虽然这听起来很困难，但并非不可能，在家庭治疗中，我个人也曾目睹这样的过程。那些相对开明、仍然具有成长性的长辈和同龄人，可能会在得到新信息时转变观念，因而能够彼此理解，共同成长——这虽然在治疗中并不会必然发生，但只要契机合适，家人之间的关爱、朋友之间的珍视会令他们主动走到一起，结束过去的痛苦。

并非每一位亲友都具有成长性，受到自身心理创伤困扰的人，在自己的心理创伤解决之前，成长性都相当有限，因为他们太受到创伤的牵制，没有精力从新信息中汲取营养。此时，有心理支持性质的专业人员和社会团体可能就成为下一级的选择，许多咨询师和社工都学习过如何帮助来访者处理愧疚问题。同时，在相对稳定、开放、友好的互助小组、兴趣小组中，也存在解决这类问题的机会。有时候当事人并不需要长篇大论地描述自己过去的困扰经历，他们只需要一个对的人，在对的时刻听到他们的羞愧，并予以肯定，就足够了。

即便出于各种原因，在你目之所及没有可选择的关系，与其他生命的关系也是可以考虑的方向。虽然相比人际关系，在这些关系中，愧疚的转化可能会更加间接、缓慢，但我确实听闻过有人在与自己的狗或者马的相处中，重拾对自己的肯定和对生活的信心。我也听到过有人通过园艺和植树，逐渐掌握了生命的真谛，不再纠缠于过去的过错。愧疚会在生命与生命的关系中被疗愈，只有这一点是永远不变的。

表达真实的自己

如果你找到了一段可以信赖且稳定的关系，那么把真实的自己表达出来。愧疚情绪最终的释放在于表达。真实的话语就像利剑一样，会刺穿吸血鬼的心脏。不要掩饰你做过什么、你怎么想。你做过的可能根本没有什么，即使有什么，只要它是真实的，就需要被呈现；你想的可能根本不合逻辑，但只要你确实这么想过，它就是你经验中的一部分。把你的所见所闻、所思所想在另一个人面前都表达出来，让它们见见太阳，让其中不需要再存在的部分燃烧殆尽。

如果你感觉自己还没准备好，就不要说，绝对不要撒谎。尤其在处理愧疚这件事上，不论出于何种目的和情绪，绝不要撒谎。谎言是愧疚最好的伙伴，能把你带向深渊，并且保证你爬不上来。

我曾经有来访者因为失眠到访，表现为人际焦虑，无法入眠。深入了解后，我们就发现他为了保持良好的形象，总是在人际交往中撒谎。撒谎后他就会感到愧疚，但他无法面对自己的愧疚，在回避了愧疚后，他就感到焦虑。但焦虑造成他内心的不安全感，而且撒谎多了他也不能全部记得，也很担心会穿帮。他在社交中越感到不安全，就越需要撒谎以保持形象、保持安全。然后，他只好接着撒谎，但一撒谎他又会感到愧疚……这就是一个死循环，而且会随着循环次数增多，情况越发严重。

如果你在生活中必须要撒谎（有时出于安全或者友善的目的，也确实需要这么做），那么在心里承认自己撒谎，不要诡辩"这不算谎言""那么说也解释得通""这时候谁都会这么说"，自我欺骗会导致你在未来发生思维混乱，更加找不到问题所在。如果你出于各种原因，主动或被动地撒谎了，那么就在内心承认它——虽然这样承认的暂时主观感觉不太好，但可以避免你进入后面的负面循环。然后，你需要找到一些属于你自己的方式，或者其他适当的场合，再把真实情况表达出来。比如有些人用歌唱，有些人用舞蹈，有些人会写作，有些人则会找到适当的机会讲出来……而当真实的表达达成时，愧疚也就自然会消失了。

3.5
自我关怀：
构建健康的情绪生活

觉察、接纳和自悯，这些都是能够提升情绪应对基本能力的方式，我鼓励你在任何有时间或想起来的时候进行练习。同时，除了微观上进行情绪练习，我们也可以在宏观上调整自己的生活，达到身心更加平衡、内外更加协调的状态。如果我们整个人处在一种良好的状态下，那么我们的情绪自然而然会健康平顺——这就涉及我们的自我关怀。

自我关怀包括任何我们有意去做的，照顾我们的心智、情绪以及身体健康的行为，有时也会涉及我们如何在关系中、职场里和生活中照顾自己，而不仅仅是驱动和榨取自己。它从本质上反映了我们如何看待和对待自己，当然也就会在短期和长期上，影响我们的情绪和生活体验，甚至影响我们的自我价值观和自我满足感。在这里，我们会针对情绪健康来谈一谈如何自我关怀。

身体是革命的本钱

中国人总体来说是比较注重身体健康的民族，讲究"吃好睡好身体好"，这是不无道理的。即使从心理的角度出发，肯定也是身体状况比较好的时候，心情比较容易好。这件事说起来容易，现在做起来却相当困难，无论是社会、职业对我们的要求，还是我们自己的关注点，现在可能更多地集中在职业发展和个人成功上。

网络上对于身体与情绪关系的研究曾有过一段很经典的调侃：与其说每天健身两小时可以提高情绪水平，不如说每天都能有两小时挥霍在健身房里的有钱有闲的人，情绪肯定不会太差。我认为这句话很真实。很多人不是不在乎身体，而是没时间在乎。但身体不好，情绪确实不会好。至少在细节上，我们要尝试尽量生活得健康些。以下是身体健康方面的一些小贴士，你可以根据自己的情况相应调整。

- 尽量走路或骑自行车上下班，如果能骑一半路程，再坐一半路程的车也可以，尤其是在下班路上，因为下班时即使飞快冲到家里，精神也还在工作状态，还是需要时间去放松的，而坐在沙发上放松远不如走在路上放松健康。如果是接送孩子的家长，则可以尝试早上上班时运动。
- 有条件的可以健身，任何方式都可以。不要想着"这周只做一次也没用，下周再开始一周三次吧"。你吃饭也不会想着"今天起晚了只能吃一顿了，不如不吃明天再吃三顿吧"，不是吗？每一次运动对身体都是一次释放，不要浪费任何一次释放的机会。
- 减少刺激性、成瘾性物质的摄入，香烟和咖啡会导致焦虑情绪上升，还能诱发惊恐，饮酒则容易导致次日抑郁，大量甜食会导致血糖快速波动，血糖下降时人也容易萎靡郁闷。在对咖啡、甜食等有瘾的情况下，应该尝试用更健康的食物替代，比如喝茶或者吃低糖食品。
- 尽量保持稳定的作息，早睡早起、晚睡晚起都可以，尽量每天在类似时间起床和睡觉，不然身体持续处于"调时差"的状态下，会导致情绪低落和内分泌失调。
- 不要乱学什么一天只需要睡 4 小时、2 小时、1 小时的励志方法，除了少数先天睡眠需要少的人，大多数人缺乏睡眠都有巨大的负面身心代价。自己需要多少睡眠时间就是多少，6~10 小时都是正常范围。
- 咨询医生后，可摄入有助于情绪健康的微量元素，包括维生素 B_6、维生素 B_{12}、维生素 D_3、富含 Omega-3 的深海鱼油和叶酸，女性经期情绪问题可考虑口服月见草油。
- 当出现情绪变化时，注意身体表征，首先去医院筛查是否有甲减、肝炎、脑病变等问题，再进一步自己调整。

给情绪留出空间

情绪需要空间，情绪处理也需要时间，如果你一整天都在忙，只在晚上睡觉之前处理自己的情绪，那么你晚上恐怕就会失眠。情绪与日常的工作任务不同，它不需要你一天在上面耗费8小时、10小时、12小时，但如果你长期忽略它，它就会无孔不入地给你造成问题。

养成有意给自己的情绪留出一些时间来的好习惯，比如每周留两三个小时，或者每天留半个小时或二十分钟。对于有些焦虑的人来说，如果能够每天有意识地给自己的焦虑留些时间，那么就能解决不少问题。他们只需要给自己安排一个焦虑的"专属时间"，就能减少不少日常的焦虑情绪。

而对于有其他情绪困扰，或者没有什么情绪困扰，只是单纯希望自己的情绪可以更平衡的人，则可以把自己的情绪时间用来进行一些表达性或者创造性的活动，画画、跳舞、写日记、玩音乐都是不错的选择，或者你也可以做个手工、剪个视频，把你的心情和独特性表达出来，情绪得到了属于自己的出口，也就不会在日常生活中过分跟你较劲了。

当然，也存在一些人过于投入情绪的情况。这些人整天都在感受自己的情绪，或者一有空闲就大量阅读心理情感读物。这也并不健康,反而常常容易让人脱离实际生活。即使你有重大的心理创伤要解决,也需要维持一般的生活。给你的情绪一些时间,但也给你的情绪设定边界,这才是更为健康的情绪。

发展支持性的社交关系

虽然有些人特别重视关系,但在社交关怀上做得比较差。因为对他们来说,人际关系已经完全异化成了一种社会资源、一个参考坐标,甚至是一个人际负担。"关系"在很大程度上变成了一种事务性、商业性的活动,跟内心感受毫不相关,且最好也不要搭上什么关系,免得在人前表现得不完美。这种操作方式本身没什么问题,只不过这如果是你唯一的社交方式,那么在情绪方面你就会感到非常孤立。

社交关系对个人的情绪和健康影响都很大,因为情绪具有感染力,并且会在人际之间流动。健康、支持性的社交关系会使你的情绪更容易健康,反之则会给你的情绪拖后腿。在这里我们并不是指你周围的人必须每天都高高兴兴,或者能给你解决具体问题,而是指你们有彼此相投的兴趣,或者可以交流内心的感受,并且这不是以利益交换为前提的。

你可以把你的师长亲友都列出来,看看其中有哪些是在你有情绪困扰时,可以相对而言坦诚地向他们求助或跟他们倾诉。如果你发现自己有两三个亲友可以彼此支持,那么你就已经处在不错的状态下了。记得不时跟他们联系,同时当他们有心事时也尽量给予倾听支持。如果你发现自己缺少这样的亲友,那么现在可能就是时候开始拓展人际圈,寻找适合彼此的朋友了。在第四部分,我们也会讨论如何理解他人和与他人相处,相信也会对你有帮助。

培养强健的精神力量

除了日常的工作生活,以及自我的追求探索,人生确实还存在着更高的追求的可能性。它并不一定是所谓宗教性或者灵性的,但通常都是超越世俗层面的。它所关注的是一个人对自身存在的意义和价值的定义与滋养,以及对一些人自身和人生终极问题的探索与解答。一个人如果可以在世俗意义上的绝境中不被击倒,那么通常意味着他们在精神上是强健的,因为他们有一部分是无法被世俗的低谷和失败所伤及的,而这个精神部分的强健只有通过精神上的探索和自我关怀才能成长与保持。

有些人会通过祈祷、冥想和学习心灵相关的知识来培育精神;有些人会思考人生的哲理、宇宙的规律,学习通过理性和反思来强健精神;还有些人会离开城市,回到大自然中去,通过与自然界的亲密接触,重新找到自己在天地之间的位置;也有些人会投入到社会和社群的利他服务中,为弱者争取权益,用共情理解苦难,在行动中提升自己的精神品质……方式本身没有穷尽,不论是哪种形式，只要它能够帮助你关注自己的精神，看到超越日常之外的世界，认识除自我以外的价值和存在，那么有一天当你面对情绪的痛苦，甚至人生的苦难时，它就会走到台前，帮你渡过难关。

第四部分　情绪与他人

　　我们表达情绪的方式会影响到他人，同样，他人的情绪也会给我们带来影响。学会共情与表达，是我们保持自身情绪稳定以及外在关系和谐的必修课。

4.1 情绪理解与共情

在前文中,我们介绍了情绪的定义和组成要素、不同情绪的特质和功能,也讨论了情绪调节和管理的基本方式。在绝大多数讨论中,我们针对的都是当事人自身——我们讨论一个人自己如何体验到某种情绪,如何尝试去认识它,又如何学习去调节它。在生活中,我们很容易就会发现,人的情绪并不是孤立的,每个人也不是孤立的。作为社会人,我们每天有大量时间处于与他人互动的情境下,这可能是一种面对面的互动,也可能是在网络上互动。我们可能会表达自己的情绪,也可能会受他人情绪的影响。在这一部分中,我们会分两方面谈一谈人与人之间的情绪互动:一方面,我们来讨论如何理解他人的情绪;另一方面,也会谈谈如何表达自己的情绪,让其他人理解自己。

情绪理解的意义和价值

我们的教育更倾向于强调模仿和记忆，灌输一个人"应该"有什么感觉，"应该"怎么做，而不那么强调觉察和理解，比如，探索一个人实际上有怎样的感觉，又为什么会有特定的行为——而情绪理解在很大程度上就是指这方面的技能。

虽然现在学校和家庭的教育几乎不会涉及情绪理解，但这一功能对整个人类的发展具有重大意义，也极大地影响每个人的个人发展和生活体验。事实上，我们一出生就接触到情绪理解，并且依赖他人对我们的情绪理解生存。对于一个婴儿来说，身体感觉、情绪体验和认知了解完全都是混合在一起的，当他想吃、想喝、想睡觉、想玩耍的时候，他只会用一种方式表达，即驱动情绪反应。哭、闹、大笑、大叫……婴儿以这些反应与自己的养育者沟通。因此，养育者（包括父亲、母亲，以及其他参与养育的亲属）的情绪理解能力越强，婴儿的生存体验就越好。

婴儿一笑，养育者就知道婴儿喜欢什么东西，会多给一些；婴儿一哭，养育者就知道婴儿饿了或者尿了，就来喂养，或者给婴儿换尿布。如果养育者的情绪理解能力不强，或者对理解婴儿的情绪反应毫无兴趣，婴儿就可能会在不想吃的时候被硬塞食物，在热得难受、憋得想哭的时候被忽略，只能自己默默忍受。可以说，养育者的情绪理解能力直接影响亲子关系，并进一步影响人们自身的情绪健康程度。

越少被理解的孩子，就越不容易了解和信任自己。毕竟谁都没办法从一无所知中知道自己是一个怎样的人，为什么会有某些反应。在一开始，人们很依赖养育者对自己的理解，并需要他们将他们的理解反馈给自己，形成自我认知。如果养育者的理解出现偏差，或者养育者在人们成长时期的情绪上甚至物理上彻底缺席，那么人们对自己的理解就进入了一个盲人摸象的状态——只能靠瞎蒙，基本碰运气。有些人可能恰巧蒙对了，就相对顺遂地发展下去；有些人出于各种原因猜错了，或者被养育者带偏了，不得不这样稀里糊涂地生活下去，可能要到成年后再慢慢做功课去改善。

成年以后，情绪理解也是建立信任关系的基础。我们在第三部分曾强调过不以利益交换为目的的支持性关系的重要性，那么这种关系究竟是怎么建立起来的呢？就是通过彼此的情绪理解。如果我们理解了对方的情绪，并且以适当的方式回应对方，对方就会感到"你懂我""我们有共鸣"，更愿意对你敞开心扉。而你也可以想象，如果有一个人能够理解你的感受，并且友善地回应，你会不会也想要多跟他接触一些？

在亲密关系中，这种彼此的情绪理解尤其重要。事实上，有一种伴侣咨询疗法就叫"情绪取向伴侣治疗"。这个疗法的主要方式之一，就是帮助伴侣双方理解自身和对方的情绪体验，以达成更好的沟通，弥合裂痕，并建立长期稳定的关系。

即便只是在一般的工作生活中，情绪理解也大有作用。如果我们能理解上司愤怒的情绪到底是针对什么，或者客户究竟是真的大为光火，还是因为心虚在虚张声势，那么我们的工作决策可能会准确很多。不得不说，对绝大多数人而言，如果自己比较能理解一件事、一个人，就会更容易感到安心；如果自己对周围的人百思不得其解，那么心里大概也会更觉得不安。毕竟无法推测接下来可能发生什么，而未知对大多数人来说不是那么容易应对的。

情绪理解的过程和方式

了解了情绪理解的意义和价值，接下来我们就来看看在一个人身上，对他人的情绪理解究竟是如何发生的。情绪理解在我们的大脑中是一个相当复杂的过程，需要涉及许多脑区。简单来说，这个过程由三部分组成。

首先，当我们看到他人的情绪反应时，我们的大脑中会有一类被称为"镜像神经元"的感觉运动细胞主动模拟我们所看到的情况。比如，如果我们看到一个人在哭，那么我们的镜像神经元就会在大脑中模拟一个在哭的人，有点类似于在大脑里进行复制。当然，这是一种相对模糊的复制，不会是完全精确的。

接下来，根据这个复制品的表现，我们就可以进一步调动自己相应的情绪反应。比如，如果我们复制的是一个在哭的人，那我们自己其实是能够哭的，具有所有跟哭泣和其相关情绪有关的机能。于是，我们大脑中就会去激活这些机能，将对方的反应进行一种我们自己版本的复现。比如，如果对方是因为受伤感到疼痛而哭，那么我们负责疼痛感和哭泣的脑区也会被激活。

在得到了在大脑内情绪复现的第一手资料后，我们的大脑就会开始根据过去的经验分析这些资料：我受伤了，我很疼，我哭了……嗯，如果受伤了很疼，那么我就可能会哭，并且这个时候我会伤心，可能还会有些害怕，所以对方现在的情绪应该是伤心和害怕。

虽然对于我们而言，在大多数情况下，这个过程可能在一瞬间就发生了，我们根本不会意识到其中有这么多部分，实际上大脑确实是经历了如此复杂的过程，才能理解他人的情绪。我们的大脑不论在生理基础上，还是认知发展上，都完全为情绪理解做好了准备——成熟人类都具备情绪理解的硬件条件，只是每个人的发展程度和发挥方式不同罢了。

在具体层面上，由于人们不同的经验和偏好，出现了两种截然不同的情绪理解方式，分别是情绪共情和认知理解。绝大多数人都会同时采取两种方式，但会有自己的偏重。

情绪共情更倚重情绪复现的过程，尤其是对情绪的身体感受体验。擅长情绪共情的人很容易感觉到别人的感受，比如看到电影里的人被刺中，自己也会感觉疼；看到别人伤心，自己也会鼻子发酸。由于他们非常擅长情绪复现，即使不刻意思考，也能非常直观地体验到对方的情绪，因此有时看一眼就已经明白了对方的感受，甚至再想起来还能够重现别人的感受。

这种情绪理解非常直观，受个人经验知识的影响相对较小，即使双方身份背景差异非常大，仍然有可能精确命中，但这种方式会受到当时理解者个人体验的影响。比如，如果一个主要采取情绪共情来理解情绪的人自己处于愤怒情绪的状况下，恰巧他又没能觉察到自己的情绪状况，那么他就极有可能将自己的情绪带入对他人的判断中，误认为对方也处于愤怒情绪中。

反之，认知理解更倚重资料分析的过程，擅长这种方式的人未必能够对他人的感觉感同身受，但是很善于收集信息，并根据经验进行推断。比如，他可能知道绝大多数人在当众出丑时都会感觉到羞耻，因此判断在部门会上被领导质疑是一种当众出丑，那么即使他看到对方时不会感同身受，也能推测出对方现在应该是感觉羞耻。

这种情绪理解的优势是不太受个人情绪状态影响，不少擅长这种方式的人本身情绪觉察能力和自身的情绪敏感度并不高，但这并不影响他们通过经验和观察来分析判断他人的情绪，而且在很多时候认知理解的效果不错。这种方式也没有体验他人的感觉会造成的身体负担，可谓一举两得。但这种方式高度依赖知识和经验，如果当事人在相关方面缺乏知识、没有经验，就很容易误判。比如，一个对女性缺乏了解的男性推断一个女性的情绪，男性可能觉得女性提高声音时是愤怒，因为他自己愤怒时会这么做，但女性提高声音时可能是感到不安。因此，就可能出现偏差，甚至得出南辕北辙的结论。

虽然两种方式各有长短，且每个人都会有自己偏好的方式，我通常还是建议在学习情绪理解时两种方式都尝试，以便互为补充。接下来，我们就来讨论一下具体如何提升自己的情绪理解能力。

第一步：了解多样的情绪知识

读完前文所写的情绪理解的过程，你大概已经发现所谓对他人的情绪理解，其实际过程是对自己的情绪理解，只不过是对自己复制对方的那部分体验的情绪理解，但所理解的对象其实发生在你的内部。因此要想提高对情绪的理解能力，首先仍然是要提高对自己情绪的觉察和理解能力，也就是我们在本书第二、三部分中所讨论的主题。

熟悉自己的情绪反应方式还有一个额外的好处，就是在很多场合下，你可以明确知道自己所体验到的，哪些是自己的情绪，哪些是对方的情绪，不会被别人的情绪带了节奏，这一点对以情绪共情方式为主的人非常重要。比如，如果一个人愤怒的时候，通常会感觉到烧心，而有一次当他看到别人愤怒时，他感觉头痛，那么就很容易分辨，这个头痛的感觉是由于情绪共情体验到的别人的情绪，而不是他自己感觉到愤怒。这一方面可以帮助他更好地理解对方，另一方面也可以减少情绪困扰，因为他很明确那是别人的情绪，那么基本上就什么都不需要做，也不用多想，只要离场一会儿，头痛自然就会完全消失。

当然，在这个例子中你可能会发现，每个人的情绪反应其实是不一样的。有些人愤怒的时候会大喊大叫，有些人则是蹲在墙角生闷气；有些人害怕的时候会哆哆嗦嗦，有些人则越害怕越会虚张声势。要想了解人们情绪反应的差异性，除了阅读本书第二部分中的描述，我也鼓励你多看优秀的影视作品和文字作品，以及多观察身边的人。对于倚重认知理解方式的人，这种学习尤为重要。我们在阅读和与他人相处的时候，常常是在寻找共鸣、爽感，而不是理解对方，这就使我们不论看了多少书、见了多少人，也没总结出太多经验。我建议当你下次看电影时，尝试去理解人物的性格，比较一下在同样场景下人物跟你的情绪反应有什么异同，你可能就会发现一个崭新的人类情绪世界了。

第二步：注意自己的情绪滤镜

在了解了一般的情绪知识、提升了自我情绪觉察能力之后，我们就可以进一步确认自己的情绪滤镜，也就是我们在理解他人情绪时暂时或长期的倾向性。当我们处在某种特定情绪下时，由于情绪对认知的影响，我们很可能根据自己的情绪来解释他人的反应。比如，当我们感觉悲伤的时候，就可能更容易注意到周围人伤感的情绪，而忽略其他复杂的情绪；当我们感觉孤独的时候，即使周围人向我们表达快乐友善，我们可能也很容易视而不见，因为它与我们的主观情绪体验不符；而当我们感觉愤怒时，我们更容易觉得别人在跟我们对着干，把对方的情绪解读为敌对和愤怒。因此，在我们理解他人的情绪时，首先要查知自己的情绪，如果自己并没有什么强烈的情绪，那么此刻的理解会是比较符合事实情况的；如果情绪非常强烈，那么不论你产生了任何情绪理解，都不要太过相信，待情绪平静下来后再做反思，你可能就会发现自己对他人的情绪理解发生了变化。

不仅如此，我们每个人在成长经历中都曾经通过观察、体验，以及瞎蒙建立了一套习惯性的情绪理解倾向。比如自卑的人容易将他人负面情绪的表现，甚至是中立情绪的表现解读成一种对自己的不满和厌恶；而情绪比较稳定或者在缺乏情绪沟通的家庭成长起来的人，则比较容易低估他人情绪的强度，总觉得对方可能也没什么情绪。因此，注意自己的情绪归因倾向也可以帮助我们减少归因误差。

发现我们自身理解误差的一种简单方式，是回想你过去对他人情绪的理解：

● 你通常比较容易在别人身上看到的情绪是什么？
● 你通常觉得周围人的情绪有多强？
● 你通常觉得周围人的情绪反应是否适当？
● 你通常会认为对方的情绪是会因为你还是因为其他原因产生的？

- 你比较容易认为对方的情绪是性格使然，还是由于当时的事件造成的？
- 你通常推测对方对你的情绪反应是恶意还是善意的？

回想你过去的经验，如果你普遍容易看到什么情绪，普遍容易认为是自己造成的，或者普遍觉得别人的情绪反应过分，那么这些都可能指向你自己的"情绪滤镜"。比如，可能你比较容易处于那种情绪下，归因时可能有过度自责的倾向，或者你对于情绪的耐受、接纳程度可能相对比较低。我们无法了解自己全部的情绪滤镜，但多了解一些，情绪理解就会更准确一分。

第三步：学会客观观察他人

在掌握了充足的情绪知识，也了解了自己的情绪理解倾向后，你就可以着手通过观察他人来理解他们的情绪了。我们来做一个小练习：当你看到下面这张图片时，会如何描述这个人的姿态呢？一个对姿态的描述可以是这样的：这个人抱着手，皱着眉头，撇着嘴，头歪向一边，身体往后倾。通过这些姿态，我们可以推知对方可能有怎样的情绪呢？最可能的是愤怒，不过也可能是厌烦，或者是想要回避什么。你也可以自己做一下这个动作，来尝试猜想这会是一种怎样的情绪感觉。

第四部分　情绪与他人

　　在这个练习中，最重要的部分是能够客观描述对方的姿态。我们绝大多数的情绪理解误判，都是没有去关注客观的姿态和表情，而是直接跳到理解上。在这种情况下，我们的情绪理解倾向就会抢占先机，跳过事实得出结论，比如，一看到对方偏头，就觉得对方是生气了，是不喜欢自己；甚至研究微表情研究到"走火入魔"，忘记了对他人的全面了解和整体认知。当然有时候这样乱猜结论可能也会恰好猜对，但绝大多数情况是错得离谱。

　　学习全面、整体、客观地观察一个人的姿态，再得出理解是非常重要的，这种方式也可以最大程度地避免个人理解倾向的负面影响。你可以通过和别人或者自己练习来提升这种能力。以下是一种练习的方式：

　　　　试试看在坐公交的时候观察周围的人，尝试在内心描述他们的姿态，注意在描述过程中你产生的各种推测和判断，不要直接肯定它们，而是当成一种假设，然后继续回到观察描述上。到了下车的时候，你可以在心里对观察的对象给出一个情绪理解，看看你会得出怎样的结论。通常，这样练习会使你对别人的观察能力更敏锐，同时也会提高情绪理解的正确率。

第四步：积极核实自己的理解

在一开始学习情绪理解的过程中，必然会出现误判、困难和彻底的"不知道"。最重要的原则是，当你不知道的时候，承认自己不知道就好了，千万不要假装知道或者胡蒙瞎猜，这很容易导致自己在误解的道路上越走越远，还毫不自知。不理解是理解的开始，而假装理解则会阻碍未来真正的理解。如果你觉得确实不理解，那么可以去问对方，"这件事给你什么样的感觉？"如果不方便问，你也可以暂时搁置，未来再回想时可能很快就能明白。即使你已经有了一些自己的推断，在有条件的情况下，我也建议你尽量主动跟对方确认，"你看起来好像很伤心啊""这事太让人沮丧了"，看看对方是否会肯定你的理解，还是事实并非如此。

如果发现自己误判了，一定要庆祝一下，因为你发现了失误，现在就已经回到了正确的道路上。你可以回想一下是不是自己对那种情绪本身就不熟悉，或者产生了习惯性而非基于事实的理解，又或者你可能没有客观地看待对方的反应，在分析之前就已经给对方加了太多戏？注意到自己的偏差之处，下次调整就好了。每次练习都必然会使你越来越熟练，越来越擅长理解他人的情绪。

同时，即使你感到自己已经很擅长情绪理解了，也记得仍然要多跟对方沟通确认。情绪理解可以说是心理咨询师工作的主要组成部分，并且大部分咨询师都受过这方面的专业训练。即便做了十几二十年的咨询工作，在与来访者沟通时，咨询师还是会去跟对方反馈、确认——"所以这件事让你很难过是吗？""你看起来真的很生气！""你好像感觉这件事情见不得人？""你是感觉非常自责吗？"再擅长情绪理解也不要以为自己有读心术，只有通过沟通和确认，才能真正确定他人的感受。

另外，还要说明的是，在网络上由于缺乏上下文和姿态信息，我们对于他人情绪的解读的准确率会严重下降，这并没有特别好的解决方案，只能回归到"不知道就承认不知道"的基本原则上。因此，当你在网络沟通中感觉到对方的情绪时，提醒自己这个推测的准确率可能不超过50%，不要过于为之烦恼。如果确实是非常重要的情绪沟通，还是建议最好能够当面确认或者至少视频确认。

小贴士：如果你是共情者

共情者（Empath）是一类特殊的人群，他们或者是先天就具有很强的情绪共情能力，或者是后天由于一些经历导致对他人的情绪高度敏感。他们非常善于觉察和感受他人的情绪，因此很擅于理解他人的情绪，同时也很容易受到他人情绪的影响。共情者通常具有一些显著的特征和困扰，比如：

1. 只是待在别人附近就能感觉到对方的感受
2. 容易显得情绪敏感，并且容易被情绪淹没
3. 对他人的负面情绪会产生生理反应（比如头痛、心动过速）
4. 在与他人发生冲突后，会产生宿醉般的疲惫感
5. 分不清自己和他人的感觉，经常太关注别人而忽视自己
6. 常能猜中别人的感觉，即使该感觉不合常理
7. 对负面情绪和嘈杂环境的耐受力低下，与人群密集接触会导致抑郁和慢性疲劳
8. 偏向小群体或一对一沟通，并且需要能在情绪不适时离场
9. 需要大量时间独处来消化情绪
10. 有条件的话偏好待在大自然中或农村
11. 容易吸收别人的负能量，并容易被他人情绪耗尽精力
12. 身体对糖、药品、酒精等敏感，需要减少用量

13. 会因糖、碳水之类特定食物的摄入导致较大情绪起伏

如果以上绝大多数选项你都回答"是",并且是"经常是""总是",那么你可能就是一位共情者。如果只有部分选项有时是,那只说明你具有一定的共情理解能力。共情者经常会因为周围的负面情绪造成身体或情绪问题,因此需要在人际交往中主动保护自己,减少过度共情。以下是一些可以考虑的自我保护方式:

- 在嘈杂环境中时,想象自己周围有一个保护罩
- 练习自悯
- 练习聚焦于心脏区域感受的冥想
- 多在大自然中独处
- 每天给自己留出时间放松
- 使用香薰精油,如岩兰草、大马士革玫瑰和香蜂草(不过敏的话)
- 避免与自恋和有操纵性的人共事,避免与他们发展亲密关系,避免主动跟他们说话
- 避免大量闲扯或者在网上闲聊耗散精力
- 在面对他人过分的情绪要求和道德绑架时,保持冷淡
- 必要时直接拒绝,但可以带着微笑拒绝别人
- 提醒自己他人并没有这么丰富的感受,也猜不出你的感受

● 注意他人与自己的不同之处
● 避免企图改变或拯救他人的想法

　　绝大多数共情者自我保护的方式都涉及为自己留出空间、减少接受他人的情绪能量，以及主动清理淤积的情绪感受，你也可以发展自己的自我保护方式。这些方式对于日常情绪相对敏感的人群也有帮助，但对于共情者来说，这些行为至关重要。长期的情绪消耗会使共情者各方面的生理、心理机能下降。对于共情者来说，有意识地进行自我保护可能是维持日常生活顺畅运行的必要条件。

4.2
情绪表达与沟通

情绪表达的困境与价值

作为本书的最后一节,我们将会主要谈一谈情绪表达和沟通。相比本书中其他所有的内容,情绪表达大概是人际风险最高的一个主题,因为其他主题你都可以自己闷头做,做不好就自己独自承受。但情绪表达必然会跟他人产生关联,也自然会对你的人际关系有一些影响。而我们就讨论在有风险的情况下,情绪表达为何还是如此至关重要,以及如何表达会让你收获更多积极的影响。

中国人不是很擅长直接的情绪表达,这跟我们的文化有关,也和我们的历史有关。中国人在沟通时长期习惯顾左右而言他,要不就是借物寄情,要不就是点到为止,这是由于过去的中国人生活在相对封闭的小社会中,以农业为主的人群被捆绑在土地上,同一群人往往一辈子都生活在同一片土地上，彼此都认识，只有少数人会因为做官、经商或从军而频繁流动。当大家彼此都很熟悉时，很多话确实不需要说太满，甚至可以说我们习惯用潜规则进行沟通，并且默认所有人都懂得这些潜规则，毕竟大家一辈子都在一个村里，一个眼神可能就什么都明白了。严格来说，传统中国人并不是不表达情绪，只是习惯了不必直说就可以达到表达效果而已。

相比基于传统文化的前代社会，现代社会的流动性和变化性几何级数地升高了，很多人今天见了面，下周可能就见不着了，甚至这辈子就再也遇不到了。彼此熟悉度太低，成长的经历、背景差距也很大，光靠潜规则"眉来眼去"，基本就是两眼一抹黑。自己的感觉、诉求，如果不说出来别人就不会明白，当然也就更谈不上合作，甚至照顾彼此的情绪了。

在现代化更早的西方社会中，有许多帮助人们学习直接的情绪沟通的资料和方式，很多中小学校的课程安排中也包含情绪表达和团队沟通方面的课程，因此人们不论是否擅长，至少从小就对情绪沟通有相当的概念。而中国的情况就比较尴尬，孩子的父母自己可能受传统文化熏陶，加上过去的一些时代历史原因，导致本身情绪表达能力就比较低下。而孩子上学之后，学校和父母关注的都是学业成绩，也没有空间留给孩子去进行情绪表达方面的学习。到了社会上，人们就会感到不适应，感到进入社会后没有人在乎自己的感受，人和人之间的关系变得极端淡漠，发现成年后自己失去了交朋友的能力（因为他们的交友方式仅适用于学校这样类似村落的长期封闭性社群），每个人都成了一个"围城"，自己出不去，也不知道如何让别人进来。

而情绪表达和沟通正是打破这种孤独感的良方。我们在上一节讲到，情绪理解可以帮助我们与他人建立支持性的人际关系，那么别人如何去理解我们呢？就要通过我们的表达来理解。同时，我们理解别人，也需要表达对方才能知道。

不仅如此，情绪表达也有助于我们获得情绪需求的满足。毕竟，只有我们表达了需求和感受，他人才可能知道，也才谈得上选择是否去满足我们。我遇到过的一些来访者很有意思，他们有情绪的时候不会去表达，而是等着别人猜，好像别人有责任去主动理解他们的感受，或者只有别人猜到才算是真的理解他们。但是在缺乏线索和核实渠道的情况下，他人只能盲猜，并按照盲猜结果去反应，甚至可能干脆就没能在第一时间注意到。结果就是这些人感觉他们始终被人忽略，他们觉得自己委屈、悲凉，不被重视、遭人遗弃，殊不知他们自己才是这一切的始作俑者。

另外，情绪表达还具有一个经常被忽视的个人层面的强大功效，也就是能够帮助我们认识自我、强健自我。我听过不止一位来访者表示对自己感到迷惑，不知道自己想要什么，并且在与他人的讨论中很难肯定自己的诉求，经常处于一种稀里糊涂、随波逐流，但又对自己很不满意的状态下——很多时候，这就是自我表达、情绪表达太少的结果。在心理学中，强化自我的一个最简单的方式，就是让当事人不断地作出选择，并表达出自己的感受和偏好。即使只是在几个颜色中选一个喜欢的，跟别人说说它给自己的感受，也能起到作用。长期不谈自己的感受，不提自己的偏好，会让人的自我变得模糊。这并不是人摆脱了自我的束缚，只是对自我的把握程度下降了而已。如果一个人对自我都把握不住，当然就更谈不上在沟通中去把握别人了。我曾经看到不少人询问如何让自己的内心变得强大，那么其中一个方式，就是情绪表达。

谈完了许多中国人不擅长，甚至不愿情绪表达的原因，以及情绪表达在减少孤独感、促进情感需求满足和提高自我认知及强度方面的重要意义，接下来我们就来看看如何培养和进行情绪表达。

第一步：澄清内心的情绪需求

表达的第一步，是搞清自己到底想要表达什么。通常情绪表达必然包含两个内容，一个是我们当时的情绪感受，另一个是我们心底的情绪需求。如何觉察情绪感受我们在第三部分已经讲过，这里我们就来讲一讲如何澄清自己的情绪需求。

在澄清情绪需求时的第一个困难是，根本不知道人通常有什么情绪需求，或者对这方面的了解很零散，这样即使他们自己有需求的时候，也很难准确命名，经常出现说不出来，或者鸡同鸭讲的情况。下面，我就为你列出了人类常见的九种情绪需求。这些需求之间有时彼此独立，有时互相关联，你可以看一看这些需求是否或多或少地都曾出现在你的生活中，以及一般而言你可能更看重其中的哪些需求。

- 安全感：寻求内心的安定感是一种常见的情绪需求，通常也是人们最看重的需求之一。这种安全感需求可以是由于身体安全、财务安全、工作安全所带来的内心的稳定感，也可以表现为寻求稳定长期的亲密关系和回避人际冲突。
- 自主：一个人如果想要自我肯定，感到自己是有力量而不是无力的，就需要一种自主的感觉。也就是他需要感觉自己能主动去维系自己的生活，并且在一定程度上可以选择自己每天的体验和生活的方向。
- 关注：人类需要他人的关注，因为缺乏父母的关注在儿时意味着死亡，人类就发展出了追寻他人积极关注的本能，缺乏一定程度的关注可能会让人觉得不安和无力。另外，自我关注和他人的关注具有同等的重要性。
- 情感联结：与关注相连的是人类对情感理解的需求，我们需要与某些人发展信任关系，体验亲情、友情或爱情。这一需求的满足可以令我们的内心感到充实满足，也会为我们的人生提供更多意义感。
- 社会联系：作为社会动物，人类需要与周边更大的社会和社群产生某种联系，对社群有贡献会让他们更容易自我肯定，而与社群保持良好的关系也能提升人们的安全感，增加情感联结的机会。

- 自我感：除了与社区和他人的联结，我们也需要一种健康的自我感去与外界平衡。我们需要感觉到除了社区和家庭赋予我们的价值，我们还有一些独立的价值，满足这一需求会令我们在人际交往中更加游刃有余，对自我的感觉更好。

- 私密感：每个人都需要一些只属于自己的空间和时间，去处理自己的感受，思考过去的经验并成长。我们也需要一定的隐私，让我们感到不会永远暴露在公众的视线下，随时需要满足他人的标准和期待。

- 成就感：要想保持自尊，我们就需要有一定的成就感。成就感的满足并不一定来自巨大的社会成就，它也可以通过完成一些生活中必须的事务，对家人和朋友有所帮助，或者实现了自己的目标来达成。只要是你在乎的，当通过自己的努力达成时，你就会有成就感。

- 意义感：我们需要感觉自己的存在、自己所做的事情具有某种价值或意义，这种意义可以来自他人的肯定，也可以是自己赋予的。满足这一需求会给我们带来"意义幸福"，一种通过实现自己的价值所带来的幸福感。

每个人都会有一些自己相对看重的需求,同时需求在每个场景、每个时刻都可能在不断变化。过去你看重的东西,明天可能就没有那么看重,在一个场景下重要的事物,到另一个场景下可能就不重要了。因此,在你每次正式沟通之前,你都可以看一下这个列表,然后给当时每个需求的强度在 1~10 分的范围内打个分。比如,你在跟男友沟通之前,可以评估一下,自己有 7 分的情感联结需求,可能还有 5 分的安全感需求;而跟父母沟通前,你可能会评估自己有 5 分的自我感需求,还有 3 分的私密感需求。

第二步:有选择的非暴力沟通

当你明确了自己的感受和需求后,就可以尝试主动向他人进行情绪表达。实际的沟通涉及几个问题:选择什么人开始进行情绪表达?如何进行情绪表达?以及如何逐步提高自己情绪表达的能力?

如果你刚开始学习情绪表达,你可能希望寻找那些能够给自己积极体验,甚至帮助自己在这方面逐渐成长的人。这包括在日常生活中你相对比较信任、对你的接纳度比较高的人,以及根据你的日常观察,在一般意义上对情绪接纳度比较高、情绪表达能力本来就比较强的人。这些人更可能倾听和回馈你的表达,帮助你快速找到情绪表达的节奏。不要一开始就去找那些过去就曾经屡次伤害或者无视过你,或者本身就非常贬低情绪的价值、情绪表达一塌糊涂的人。很多人第一次情绪表达的目标是积怨已深的父母，或是已经撕破脸的男女朋友。新手上来就选择"地狱模式"，对自己的成长非常不利。给自己一些在新手村练级的机会，再出去打怪比较合理。

选定了适合的对象后，你就可以尝试表达自己的情绪。实事求是地说，所谓情绪表达就是按照事实说就可以了，也就是告诉对方你有怎样的需求，又有怎样的情绪。事实是，我们有情绪的时候说话经常是拧着的。比如，有些人一开口就是责备的语气："你怎么老不陪我，我都伤心了！"或者干脆直接撑对方："你看不出来我有多难受吗？你怎么就不多替我想想？"习惯了这样的暴力表达方式，对方被撑了以后又很难避免条件反射式地回避或反击，双方就失去了进一步沟通的机会。情绪表达变成了情绪攻击，情绪沟通变成了情绪攻讦。如果想要拥有比较顺利有效的情绪表达，就要尽量避免语言暴力，就事论事。

一个简单的情绪表达公式可以是这样：

情绪表达 =1. 发生的事件 +2. 你的情绪感受 +3. 你的需求和期待

1. 在发生的事件方面，请尽量给对方一些客观事件的信息，比如，"我昨天被老板骂了""我们最近很少有机会独处了""我昨晚想起了之前××的事情"。简单说明即可，不要长篇大论，否则对方的思绪可能会被带入事件中,开始提问和分析,你就容易感到情绪无处发泄或者被忽略。

2.把你的情绪描述给对方,如果可能,那就尽量精确一些,比如,"我感觉很伤心""这件事真的让我气不过""我觉得很无力、很沮丧"。一开始,你也可以查本书的第二部分来帮助自己扩充情绪词语。如果感觉情绪很复杂,一时说不清楚,也可以用一些比喻或者描述身体感受来帮助表达,比如"感觉整个人像泄了气的皮球""心里有一种空荡荡的感觉""心口觉得特别压得慌"。

3.然后你可以把自己的需求和期待(如果有的话)告诉对方,比如,"我很希望自己能更有成就一些""我心里觉得很不安,你能不能陪我坐一会儿""其实我很希望你能在日常中多关注我一些"。在这里尤其要注意语气,不要把需求和期待说成命令和要挟。我曾听过不止一对情侣吵架时说"你要是再不×××,我就要×××了",这不是情绪表达,而是情绪操纵。

我们再来把整个流程串一下。假设你的伴侣最近经常加班,忽略了你的感受,让你觉得很孤独,你想向他表达一下,就可以这么说:"你最近一个月晚上都很晚回家,我只能一个人待着(发生的事件),我觉得很孤独(情绪感受),很需要彼此之间有些亲密的感觉,不知道你能不能早些回家,或者周末的时候我们花一点时间在一起(需求和期待)?"试试看,回想一些你最近涉及情绪的沟通,看能不能用这个公式把你要沟通的内容澄清,并以新的方式串下来。

另一个在情绪表达中需要注意的点是，在情绪表达的过程中，你所说的一切都是自己对事件的体验、感受、需求和期待，所以在描述具体的情绪和需求时，务必尽量以"我"来开头，比如"我感觉""我需要""我发现""我希望"。不要用类似于"你不觉得××吗""是人都会觉得××""你应该做××"的方式，这些是侵犯他人情绪和思维边界的情绪表达，几乎总会带来一定的负面影响。接下来，我们也会看一看情绪边界究竟是怎么回事，在情绪沟通中，我们应该如何注意它。

小贴士：注意你的非语言表达

除了语言沟通，人与人之间还有大量的非语言沟通存在，也就是我们的表情、姿势、眼神、语气等。有一些沟通学家甚至认为，非语言沟通才是人类沟通的主体，可以占到一次沟通中实际信息量的30%~70%。即使在网络上非语言沟通受限的情况下，它仍然可以在一定程度上从我们的遣词造句中表现出来。

当非语言沟通与语言沟通的内容不一致时，非语言沟通的讯息几乎永远都更加真实准确。比如，当一个人说"这真的太棒了"却面无表情时，他大概并没有觉得这件事情怎么好，或者当一个人说"这样绝对不行"却声若蚊蝇时，我们基本上就知道这事对他而言，恐怕也不是绝对不行。

> 因此，当你在表达自己的情绪时，也可以有意关注一下自己的表情和肢体语言，看它们是不是一致。如果不一致，那么对方很可能就不会理解和认同你语言所表达的情绪，或者对你说的话感到困惑、记不住。另外，如果你希望加强自己情绪表达的力度，也可以利用特定的身体姿势，或者通过夸张的手势来实现。这就是更进阶的沟通和演讲技巧了，如果你感兴趣，可以在网上找到很多相关资料。

第三步：维护健康的情绪边界

情绪的沟通不会以表达为结束，表达只是整个沟通过程的开始。在进入更深入的情绪沟通时，不可避免地会涉及情绪边界的话题。

边界可以帮助人们区分彼此的界限，两个人之间可能存在的边界包括物理边界、情绪边界、信息边界、价值边界等等。物理边界是指一个人的身体和私人空间，比如，你的皮肤下面的所有部分都是你，不会有别人。皮肤就为你的身体建立起了物理边界，皮肤以内就是你，皮肤以外不论是谁都是别人。

同样，人与人之间也存在情绪边界，它帮助我们将自己和他人的感觉区分开，边界这一边的是我的情绪，那一边则是他人的情绪。情绪边界相比皮肤更加抽象，因此不容易把握，不过我们仍然可以通过一些混淆情绪边界的例子来理解它。通常，混淆情绪边界的行为可以包括：为他人的情绪负责，根据他人的情绪来行动，频繁牺牲自己的需求来讨好他人，责怪他人造成自己的情绪问题，等等。

在所有这些例子中，当事人都将彼此的情绪以某种形式混在一起了。比如，为他人的情绪负责和根据他人的情绪来行动，就等于把别人的情绪误以为是自己的情绪或者强加在自己身上，而失去了自己情绪的独立性。而责怪他人造成自己的情绪问题，则是把自己的情绪推到别人身上，侵犯了他人的情绪边界。

虽然人与人之间的情绪必然会彼此影响，但一定程度上的情绪独立性，以及对他人情绪独立性的尊重是良性情绪沟通，甚至是长期健康关系的必要条件。即使是在情绪理解和共情的时候，我们也需要以明确自己所理解的是他人的情绪为前提条件，否则别人生气你就生气，别人伤心你就伤心，情绪系统忙不过来，人早晚会垮的。

当然，在我们讨论情绪边界的话题时，你可能已经想到了，我们的情绪、关系都是"你中有我，我中有你"，我们不仅自己习惯了混淆情绪边界，经常还会受到外界的压力，告诉我们"你应该这么感觉""你必须为我感觉不好负责"。

在这里，我的建议是先从自己做起，首先缓解一下自己的情绪边界混淆问题，给自己的情绪系统减负。你可以通过以下方式来尝试：

1. 学习明确地表达自己的情绪和需求，并为它们负责，不要期待别人去猜你的情绪。作为成年人，也不要把自己的情绪体验都归因在他人身上（即使他人可能在其中占一部分比例）。

2. 不要把自己的每一种情绪都跟所有人分享，或者把倾诉作为唯一的情绪解决方案，把其中的一些情绪留给自己，通过写日记或其他独立的方式来处理。

3. 学习不为他人的情绪负责，指出那是他们的情绪，而不是你的。在不适合当面指出的情况下，至少在心中明白那跟你关系不大，你不必为他人的情绪产生过多的负罪感。

4. 当他人强求你牺牲自己来满足对方时，尝试拒绝，不要自我欺骗，正视心中不愿意屈从他人的感受。你可以回想一下此刻自己的情绪需求，健康的关系应该是彼此情绪需求的满足和协调，而不是牺牲一方去满足另一方，或者用物质来购买顺从和感情。

5. 学习主动倾听他人的情绪，承认他们可以有自己的情绪，不必跟你一样或必须认同你。同时，当你的情绪跟别人不一样的时候，你也没必要给自己找错，或者试图把自己的情绪变得跟别人一样。

6. 不要预设自己知道别人的感受，比如"我知道他是这么想的""他就是觉得××"。即使你对自己的感觉很确定，也请尽量跟对方去澄清确认，并且不要百分之百地相信你没确认过的情绪猜测，尊重他人可以跟你有不同的情绪逻辑。

7. 在说话的时候，对于自己的想法、需求和感受，尽量多以

"我"开头,这会提醒你自己现在在边界的这一边,不要跨过去。

8. 你也可以向别人解释情绪边界的概念,听听他们的想法,但不要把这个观念强加给别人。情绪边界不是一条僵化的线,而是一个动态过程,慢慢在生活中体验它、学习它、掌握它。

图书在版编目（CIP）数据

如何做一个情绪稳定的成年人 / 清流著. -- 北京：北京联合出版公司，2021.8（2024.4重印）
　ISBN 978-7-5596-5081-8

　Ⅰ.①如… Ⅱ.①清… Ⅲ.①情绪—自我控制—通俗读物 Ⅳ.①B842.6-49

　中国版本图书馆CIP数据核字(2021)第096874号

如何做一个情绪稳定的成年人

作　　者：清　流
出 品 人：赵红仕
责任编辑：徐　鹏
封面设计：WONDERLAND Book design
　　　　　仙德 QQ:344581934

北京联合出版公司出版
（北京市西城区德外大街83号楼9层　100088）
北京联合天畅文化传播公司发行
杭州真凯文化艺术有限公司制版
北京美图印务有限公司印刷　新华书店经销
字数131千字　880毫米×1230毫米　1/32　6.625印张
2021年8月第1版　2024年4月第3次印刷
ISBN 978-7-5596-5081-8
定价：48.00元

版权所有，侵权必究
未经书面许可，不得以任何方式转载、复制、翻印本书部分或全部内容。
本书若有质量问题，请与本公司图书销售中心联系调换。电话：010-64258472-800